MATLAB 之幻方

廖华辉 著

内 容 简 介

本书写的是关于MATLAB软件在幻方领域的实战应用，主要内容包括MATLAB软件简介、幻方定义的革命、等差幻方的构建、等差跳跃幻方的构建、等比幻方的构建、等比跳跃幻方的构建、通过幻方的旋转、翻转和翻滚构建新幻方、通过幻方的运算构建新幻方、任意阶幻方幻和、幻乘积的计算、幻方运算代码编程、幻方运算代码使用实战、特殊三阶幻方案例、48个特殊四阶幻方等。

本书可作为幻方的专门研究者和幻方爱好者的参考用书。

图书在版编目（CIP）数据

Matlab之幻方 / 廖华辉著. -- 北京：北京希望电子出版社, 2020.8

　　ISBN 978-7-83002-760-5

　　Ⅰ. ①M… Ⅱ. ①廖… Ⅲ. ①Matlab软件－应用－幻方－研究 Ⅳ. ①O157

中国版本图书馆CIP数据核字(2020)第157644号

出版：北京希望电子出版社	封面：邢海燕
地址：北京市海淀区中关村大街22号 　　　中科大厦A座10层	编辑：全　卫
	校对：龙景楠
邮编：100190	开本：710mm×1000mm　1/16
网址：www.bhp.com.cn	印张：9.25
电话：010-82626270	字数：216千字
传真：010-62543892	印刷：河北盛世彩捷印刷有限公司
经销：各地新华书店	版次：2020年8月1版1次印刷

定价：52.00元

序 言

本书详细介绍使用MATLAB软件制作幻方和进行幻方运算的方法和步骤。

MATLAB软件主要应用于矩阵运算，幻方是矩阵学的一部分，MATLAB软件在幻方的构建和运算方面具有很大优势。此外，MATLAB软件在生物遗传学、电子设计、无线通信、仿真、数据模型构建、人工智能深度学习和机器学习等方面都有广泛的应用。MATLAB软件最大的优点在于它的开源性，将编写的代码与之进行合理对接后即可进行幻方的制作和运算。

本书难免存在疏漏和不当之处，敬请广大读者批评指正。

廖华辉

目 录

第 1 章　MATLAB 软件简介 …………………………………… 001

第 2 章　幻方定义的革命 ………………………………………… 003

　2.1　幻方的定义 ……………………………………………… 003

　2.2　新幻方的定义 …………………………………………… 003

　2.3　新幻方的种类 …………………………………………… 003

　2.4　各种类型新幻方的具体定义 …………………………… 004

　2.5　新幻方 18 个公式汇总 ………………………………… 005

第 3 章　等差幻方的构建 ………………………………………… 009

　3.1　1 起步、等差数为 1 的等差幻方的构建 ……………… 009

　3.2　2 至 n 起步、等差数为 1 的等差幻方的构建 ………… 011

　3.3　n 起步、等差数为 x 的等差幻方的构建 ……………… 014

第 4 章　等差跳跃幻方的构建 …………………………………… 017

第 5 章　等比幻方的构建 ………………………………………… 024

第 6 章　等比跳跃幻方的构建 …………………………………… 031

第 7 章　通过幻方的旋转、翻转和翻滚构建新幻方 …………… 038

第 8 章　通过幻方的运算构建新幻方 …………………………… 045

第 9 章　任意阶幻方幻和、幻乘积的计算 …………………………… 050

第 10 章　幻方运算代码编程 ……………………………………………… 054
　　10.1　等差幻方运算代码编程 ………………………………………… 054
　　10.2　等差跳跃幻方运算代码编程 …………………………………… 062
　　10.3　等比幻方运算代码编程 ………………………………………… 070
　　10.4　等比跳跃幻方运算代码编程 …………………………………… 078

第 11 章　幻方运算代码使用实战 ………………………………………… 086
　　11.1　等差幻方运算实战 ……………………………………………… 086
　　11.2　等差跳跃幻方运算实战 ………………………………………… 096
　　11.3　等比幻方运算实战 ……………………………………………… 107
　　11.4　等比跳跃幻方运算实战 ………………………………………… 118

第 12 章　特殊三阶幻方案例 ……………………………………………… 129

第 13 章　48 个特殊四阶幻方 ……………………………………………… 133

后记　打造优秀幻方软件 …………………………………………………… 140

第 1 章　MATLAB 软件简介

　　MATLAB是美国MathWorks公司出品的商业数学软件，用于算法开发、数据可视化、数据分析，以及数值计算的高级技术计算语言和交互式环境，主要包括MATLAB和Simulink两大部分。

　　MATLAB和Microsoft Mathematica、Maple并称为三大数学软件。MATLAB软件可以进行矩阵运算、绘制函数和数据、实现算法、创建用户界面、连接其他编程语言的程序等，主要应用于工程计算、控制设计、信号处理与通信、图像处理、信号检测、金融建模设计与分析等领域。

　　MATLAB软件的基本数据单位是矩阵，它的指令表达式与数学、工程中常用的形式十分相似，故用MATLAB软件来解算问题要比用C和FORTRAN等语言完成相同的任务简捷得多，并且MATLAB软件也吸收了Maple等软件的优点，使MATLAB软件成为一种计算功能强大的数学软件。在新的版本中也加入了对C、FORTRAN、C++、Java的支持。

　　在幻方领域，MATLAB软件可以帮助用户快速构建三至 N 阶幻方，只要计算机的配置足够强大，所构建幻方的阶数就越高。MATLAB软件还可以用来进行各种幻方的运算，功能强大。

　　MATLAB软件的下载和安装方法较为简单。首先添加微信号"MATLABhf"获取软件的安装教程，然后按照教程的步骤安装软件。MATLAB软件对计算机的配置要求很高，包括硬件配置和宽带速率，应尽量使用高端配置的计算机和高速率宽带。

软件安装完成后,打开软件的界面,如图1-1所示。

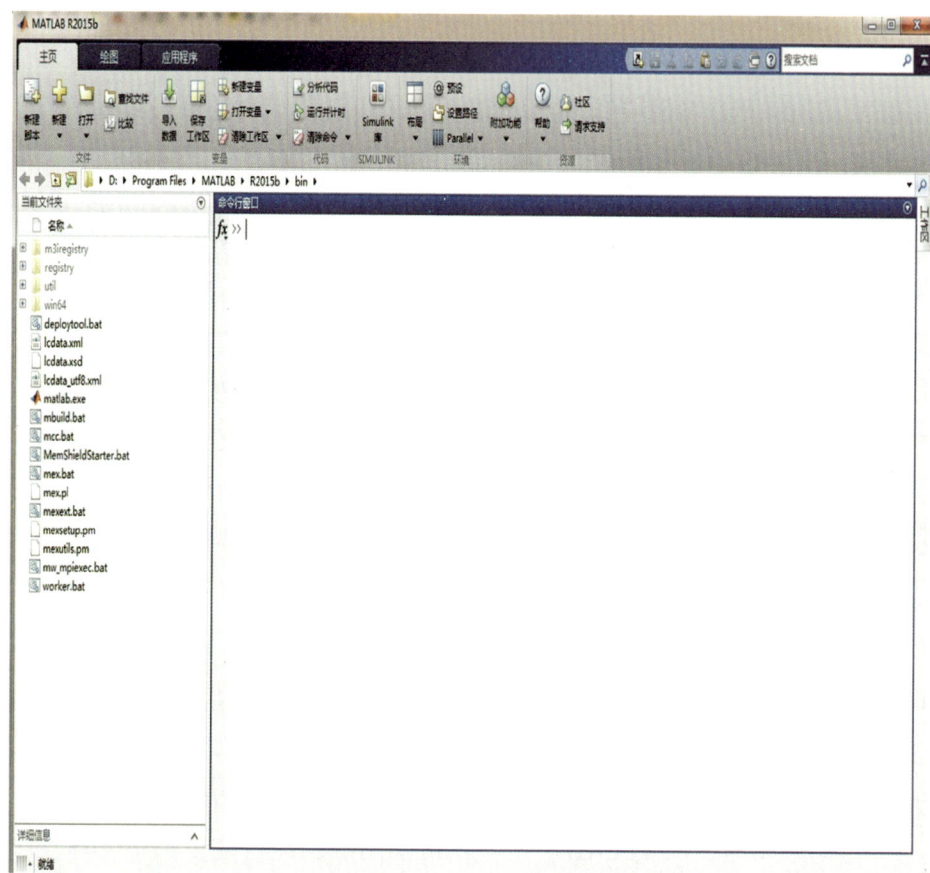

图1-1　MATLAB软件界面的整体效果图

第 2 章　幻方定义的革命

2.1　幻方的定义

在一个由若干个排列整齐的数组成的正方形中，图形中任意一行、一列及对角线的几个数之和都相等，具有这种性质的图形称为"幻方"。

2.2　新幻方的定义

"新幻方"是作者定义的概念，即在一个由若干个排列整齐的数组成的正方形中，图形中任意一行、一列及对角线的几个数之和或乘积都相等，具有这种性质的图形称为"新幻方"。

2.3　新幻方的种类

1. 等差幻方
2. 等差跳跃幻方
3. 等比幻方
4. 等比跳跃幻方

以上四种幻方统一了有序和无序，涵盖了多层次的幻方体系。

2.4 各种类型新幻方的具体定义

等差幻方的定义：所有连续的 j（j 为幻方的阶数）的平方个数字由小到大或由大到小在 j 阶矩阵内部排列，相邻两个数中起步第二个数与起步第一个数的差是固定数值的，并且 j 阶矩阵内行、列、对角线的几个数的和都相等的幻方属于等差幻方。

等差跳跃幻方的定义：所有连续的 j 的平方个数字由小到大或由大到小在 j 阶矩阵内部排列，首先连续填写 c 个等差数，跳跃 a 个等差数不填，然后填写接下来的等差数，跳跃 a 个等差数不填，再填写接下来的等差数，依此类推，把 j 的平方个数字平均分割成整数倍进行循环 a 跳跃，最后所得的新矩阵内行、列、对角线的几个数的和都相等的幻方属于等差跳跃幻方。

等比幻方的定义：所有连续的 j 的平方个数字由小到大或由大到小在 j 阶矩阵内部排列，相邻两个数中起步第二个数除以起步第一个数的商是固定的数值，并且 j 阶矩阵内行、列、对角线的几个数的乘积都相等的幻方属于等比幻方。

等比跳跃幻方的定义：所有连续的 j 的平方个数字由小到大或由大到小在 j 阶矩阵内部排列，首先连续填写 c 个等比数，跳跃 a 个等比数不填，然后填写接下来的等比数，跳跃 a 个等比数不填，再填写接下来的等比数，依此类推，把 j 的平方个数字平均分割成整数倍进行循环 a 跳跃，最后所得的新矩阵内行、列、对角线的几个数的乘积都相等的幻方属于等比跳跃幻方。

2.5　新幻方 18 个公式汇总

1. 三阶等差幻方幻和公式

$$S = 12m - 9n$$

2. 三阶等比幻方幻乘积公式

$$P = \frac{m^{12}}{n^9}$$

3. 三阶等差跳跃幻方幻和公式

$$S = 12m - 9n + 3a(m - n)$$

4. 三阶等比跳跃幻方幻乘积公式

$$P = n^3 \left(\frac{m}{n}\right)^{3a+12}$$

5. 等差幻方幻和公式

$$S = \frac{1}{2}j\left[(j^2 + 1)(m - n) - (2m - 4n)\right]$$

6. 等比幻方幻乘积公式

$$P = n^j \left(\frac{m}{n}\right)^{\frac{j^3 - j}{2}}$$

7. 等差跳跃幻方幻和公式
$$S = \frac{1}{2}j\left[\left(j^2 + 1 + \frac{aj^2}{c} - a\right)(m-n) - (2m-4n)\right]$$

8. 等比跳跃幻方幻乘积公式
$$P = n^j \left(\frac{m}{n}\right)^{\left[\frac{1}{2}j\left(j^2+1+\frac{aj^2}{c}-a\right)-j\right]}$$

9. 原始等差幻方 S_1 进行自然数 e 的加法运算公式
$$S_2 = S_1 + ej$$

10. 原始等差幻方 S_1 进行自然数 e 的减法运算公式
$$S_2 = S_1 - ej$$

11. 原始等差幻方 S_1 进行自然数 e 的乘法运算公式
$$S_2 = S_1 \times ej$$

12. 原始等差幻方 S_1 进行自然数 e 的除法运算公式
$$S_2 = S_1 \div ej$$

13. 原始等差幻方 S_1 +原始等差幻方 S_1
$$S_2 = 2S_1$$

14. 原始等比幻方 P_1 进行自然数 e 的乘法运算公式
$$P_2 = P_1 \times e^j$$

第 2 章 幻方定义的革命

15. 原始等比幻方 P_1 进行自然数 e 的除法运算公式

$$P_2 = \frac{P_1}{e^j}$$

16. 规则幻方幻和公式

$$S = nj$$

17. 幻方体的质量和公式

$$S_m = S \times j + m_d$$

18. 幻方体的能量和公式

$$S_E = S_m \times C^2$$

注：S 代表幻方幻和。

P 代表幻方幻乘积。

m 代表整个幻方中第二小的数。

n 代表整个幻方中最小的数。

a 代表跳跃次数，即：从起跳数开始，按等差或等比数跳跃的次数。

j 代表幻方的阶数。

c 代表跳跃常数，即：除了1和 j^2，所有 j^2 的因数叫作跳跃常数。当幻方阶数为奇数的时候，$c = j$；当幻方阶数为偶数的时候，c 为变量。

S_m 代表幻方体的质量。

m_d 代表支撑幻方体的底部基座质量。

S_E 代表幻方体的能量总和。

C 代表光速。（光速 C 应该采用小写形式，但为了避免与跳跃常数 c 混淆，此处采用大写形式）

在作者所著的《幻方公式推导原理》一书中，具体讲解了这些幻方公式的推导过程，有兴趣的读者可以参考此书。

第 3 章　等差幻方的构建

3.1　1 起步、等差数为 1 的等差幻方的构建

构建一个从自然数1起步、等差数为1的三阶等差幻方，如图3-1所示。

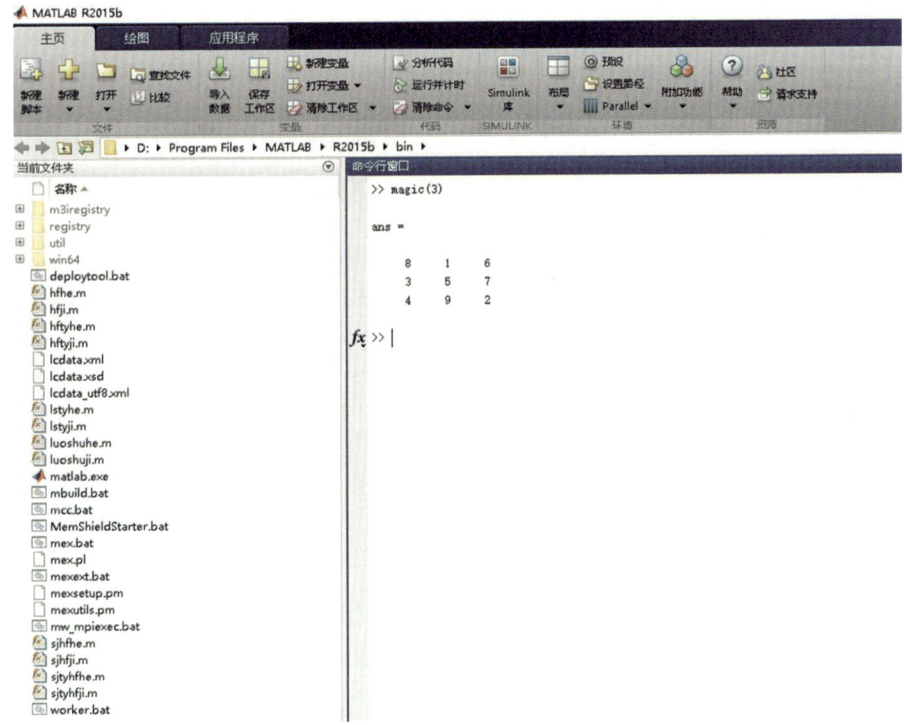

图3-1　三阶等差幻方

这个三阶等差幻方的构建方法：在命令行窗口输入magic(3)，然后按Enter键即可。

构建一个从自然数1起步、等差数为1的十阶等差幻方，如图3-2所示。

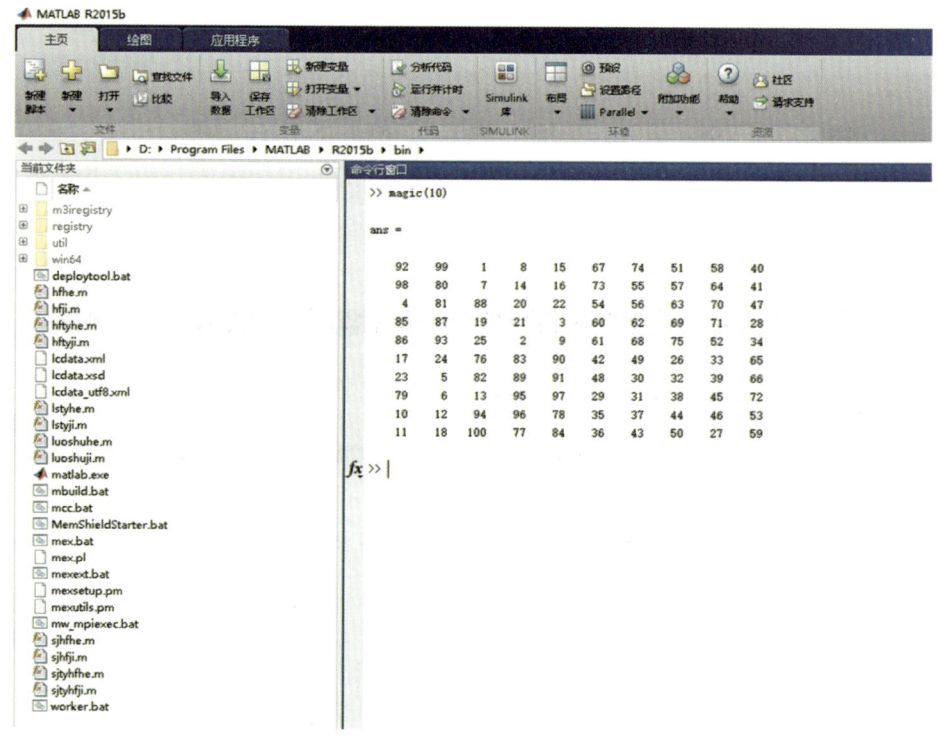

图3-2　十阶等差幻方

这个十阶等差幻方的构建方法：在命令行窗口输入magic(10)，然后按Enter键即可。

所有的从自然数1起步的、等差数为1的任意阶幻方的构建方法：在命令行窗口输入magic(j)，然后按Enter键就可以得到对应阶数的幻方，其中j为幻方的阶数。

构建的幻方阶数越高，运算量就越大，需要的时间也会越长。

高阶幻方对计算机配置和宽带速率的要求会更高。如果计算机配置太低，无法构建一万阶以上的高阶幻方，建议专门研究幻方者可以租赁或购买大数据云计算服务器安装软件用于计算。一般的高配置笔记本电脑构建一个一万阶以上的幻方需要十几分钟完成。

3.2　2至n起步、等差数为1的等差幻方的构建

如果要构建一个从自然数2起步、等差数为1的三阶等差幻方，怎么操作呢？具体分两步走。

第一步：在命令行窗口输入L=magic(3)，然后按Enter键，得到如图3-3所示的三阶等差幻方。

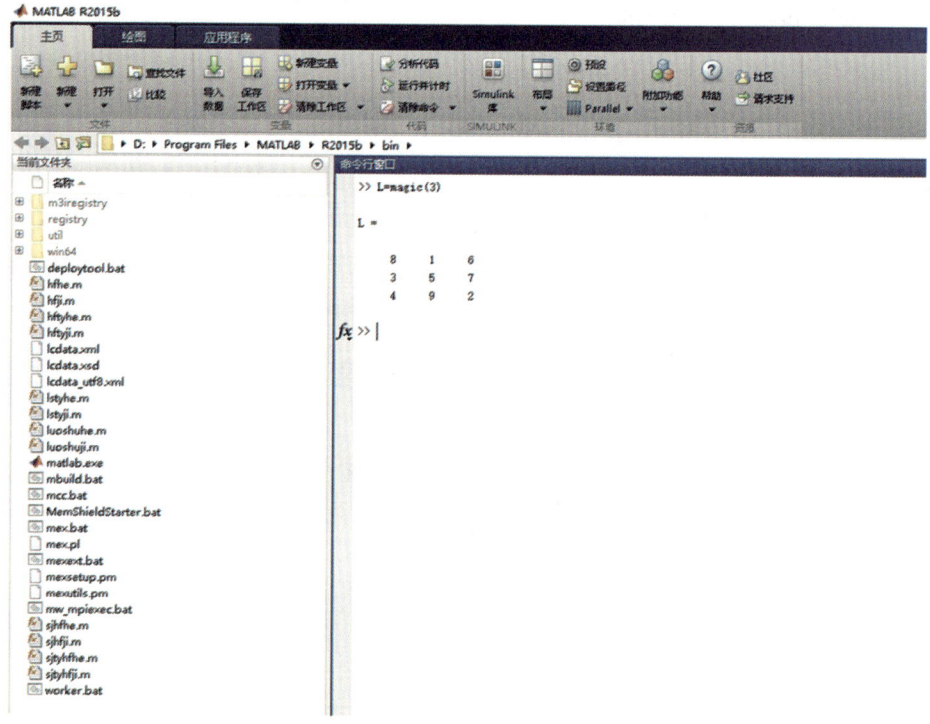

图3-3　指定L为三阶等差幻方

第 3 章　等差幻方的构建

第二步：在命令行窗口输入L+1，然后按Enter键，得到如图3-4所示的从自然数2起步、等差数为1的三阶等差幻方。

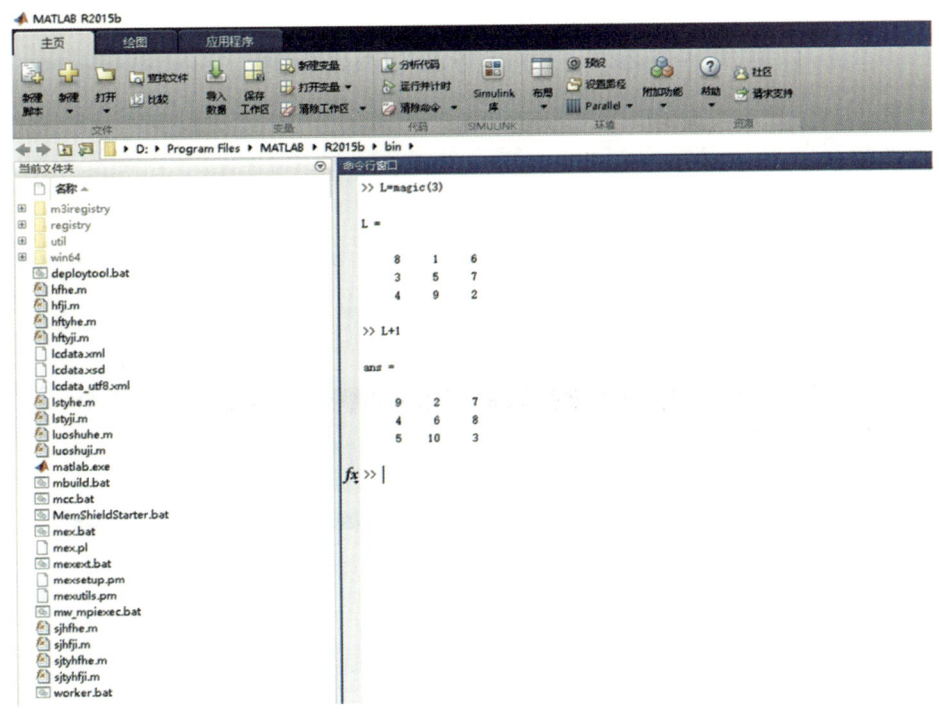

图3-4　从2起步、等差数为1的三阶等差幻方

构建从自然数2、3、4…n起步、等差数为1的任意阶幻方构建的方法分两步走。

第一步：在命令行窗口输入L=magic(j)，然后按Enter键。其中j为幻方的阶数。

— 013 —

第二步：把命令行窗口输入L+1改成L+（n−1），其中 n 为起步数。比如构建从5起步的幻方，应在命令行窗口输入L+（5−1）。

3.3　n 起步、等差数为 x 的等差幻方的构建

构建一个从自然数2起步、等差数为2的三阶等差幻方，需要分两步走。

第一步：在命令行窗口输入L=magic(3)，然后按Enter键，得到如图3-5所示的三阶等差幻方。

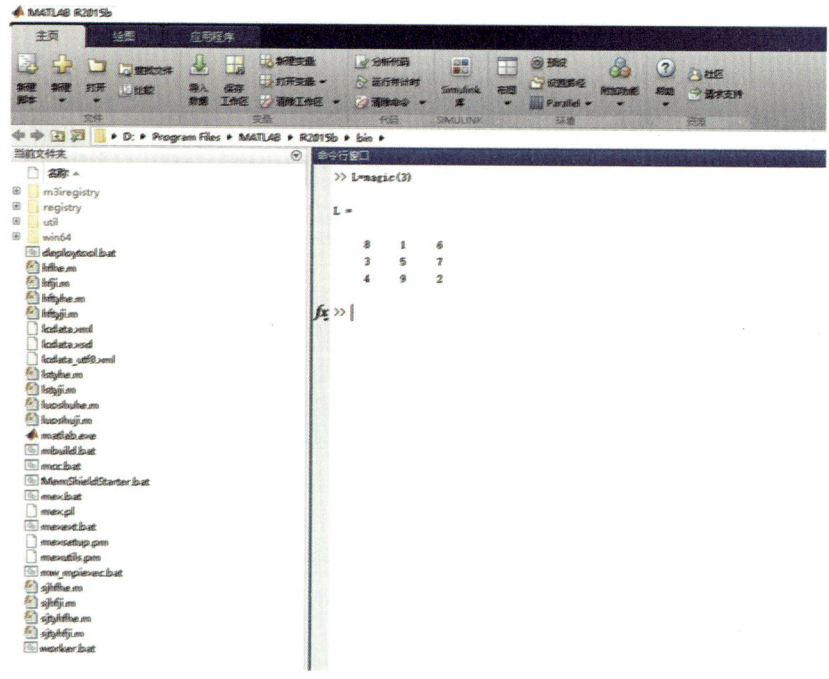

图3-5　三阶等差幻方

第 3 章 等差幻方的构建

第二步：在命令行窗口输入L.*2，然后按Enter键，得到如图3-6所示的从2起步、等差数为2的三阶等差幻方。

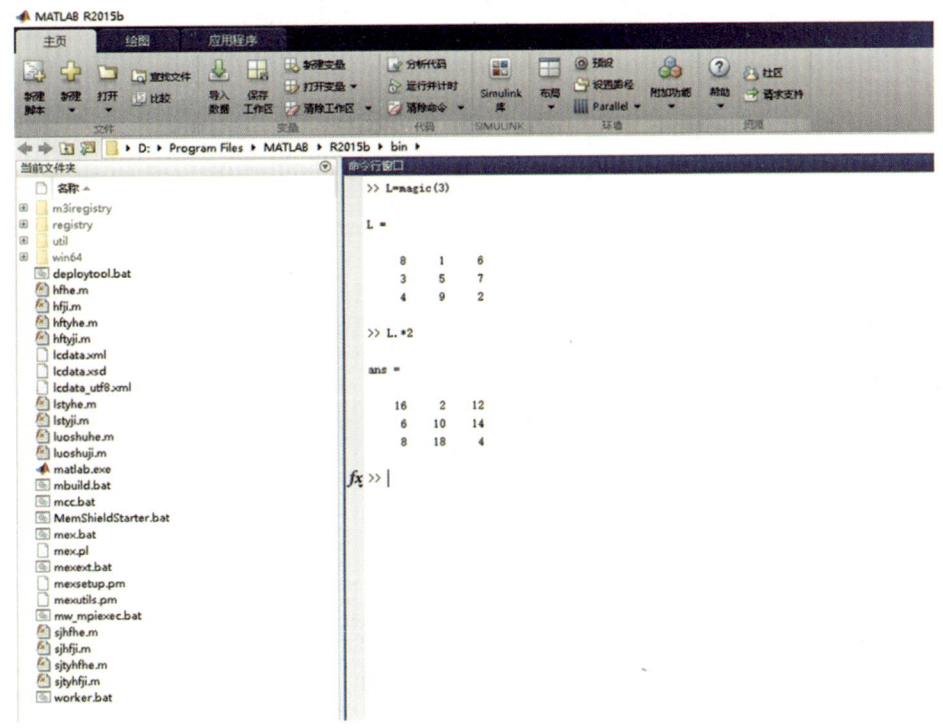

图3-6 起步数为2、等差数为2的三阶等差幻方

构建一个从自然数2起步、等差数为8的三阶等差幻方，需要分三步走。

第一步：在命令行窗口输入L=magic(3)，然后按Enter键。

第二步：在命令行窗口输入M=L.*8，然后按Enter键。

第三步：在命令行窗口输入N=M-6，然后按Enter键，得到如图3-7

所示的从2起步、等差数为8的三阶等差幻方。

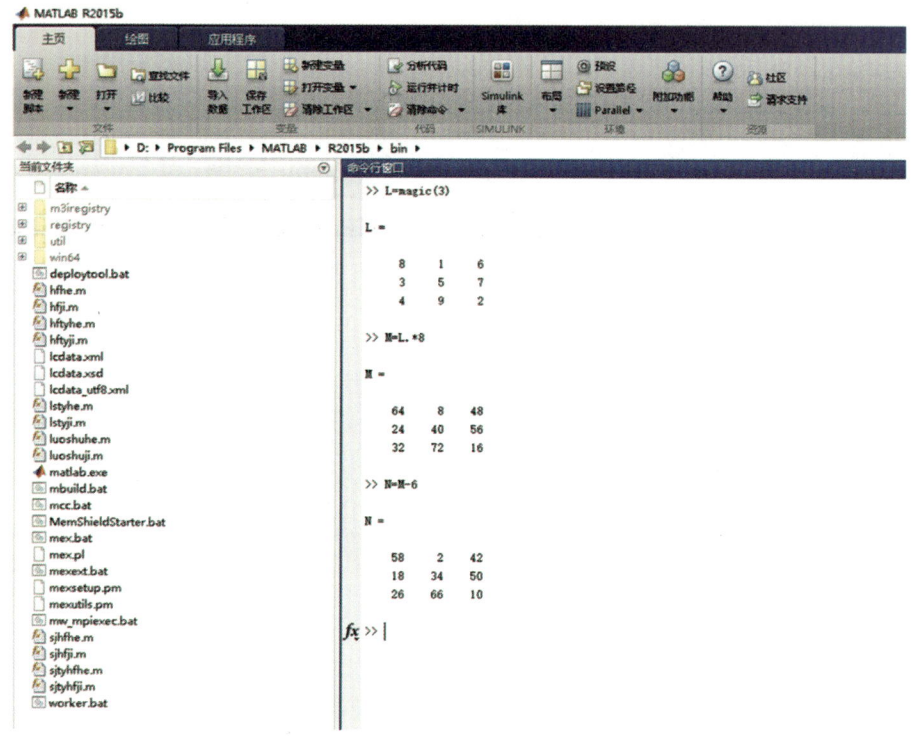

图3-7　起步数为2、等差数为8的三阶等差幻方

　　从自然数 n 起步、等差数为 x 的任意阶等差幻方构建的方法也分三步走。

　　第一步：在命令行窗口输入L=magic(j)，然后按Enter键。

　　第二步：在命令行窗口输入M=L.*x，然后按Enter键。

　　第三步：在命令行窗口输入N=M−（x−n），然后按Enter键。

第 4 章　等差跳跃幻方的构建

等差跳跃幻方的构建是作者利用 MATLAB 软件的开源性、根据幻方规律独创的。构建等差跳跃幻方除了使用 MATLAB 软件，还需要 Excel 办公软件和计算机的记事本这两种工具。

构建一个最简单的三阶等差跳跃幻方：等差数为 1，起步数为 1，跳跃次数为 1，跳跃常数为 3，需要分六步走。

第一步：在 Excel 办公软件中输入一个最简单的三阶等差跳跃幻方，如图 4-1 所示。

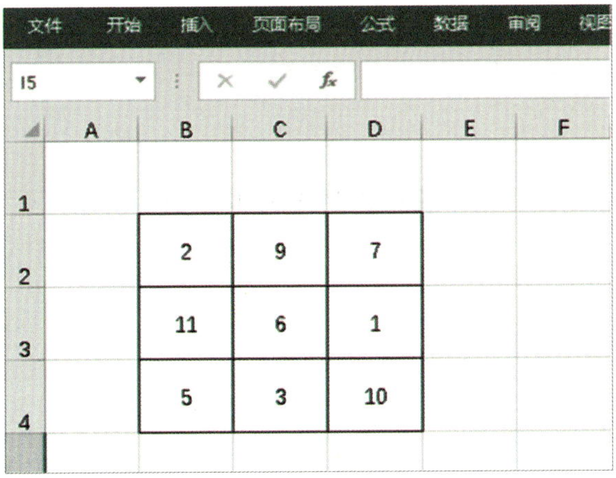

图 4-1　最简单的三阶等差跳跃幻方

第二步：在计算机桌面单击鼠标右键，新建一个文本文档，即记事本，如图4-2和图4-3所示。

图4-2　新建记事本界面

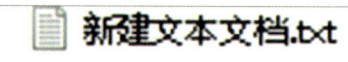

图4-3　新建的文本文档

第 4 章　等差跳跃幻方的构建

第三步：复制图4-1的三阶等差跳跃幻方，粘贴到记事本中，如图4-4所示。保存文件并重命名为C.txt，如图4-5所示。

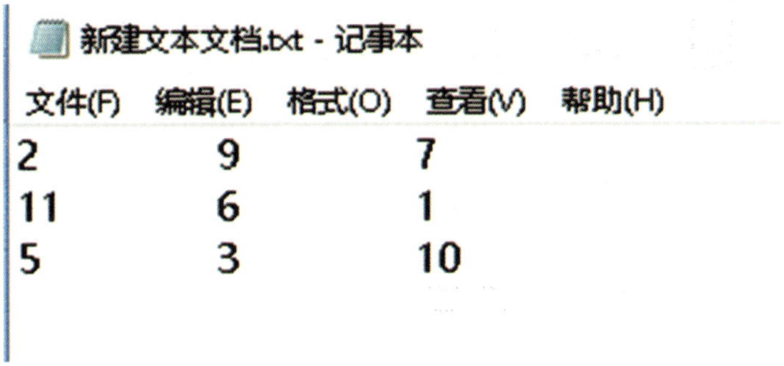

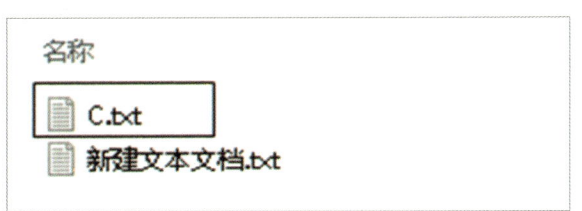

图4-4　将三阶等差跳跃幻方粘贴到记事本中

图4-5　重命名为C.txt的文本文档

第四步：打开MATLAB软件，选择"导入数据"，如图4-6所示。

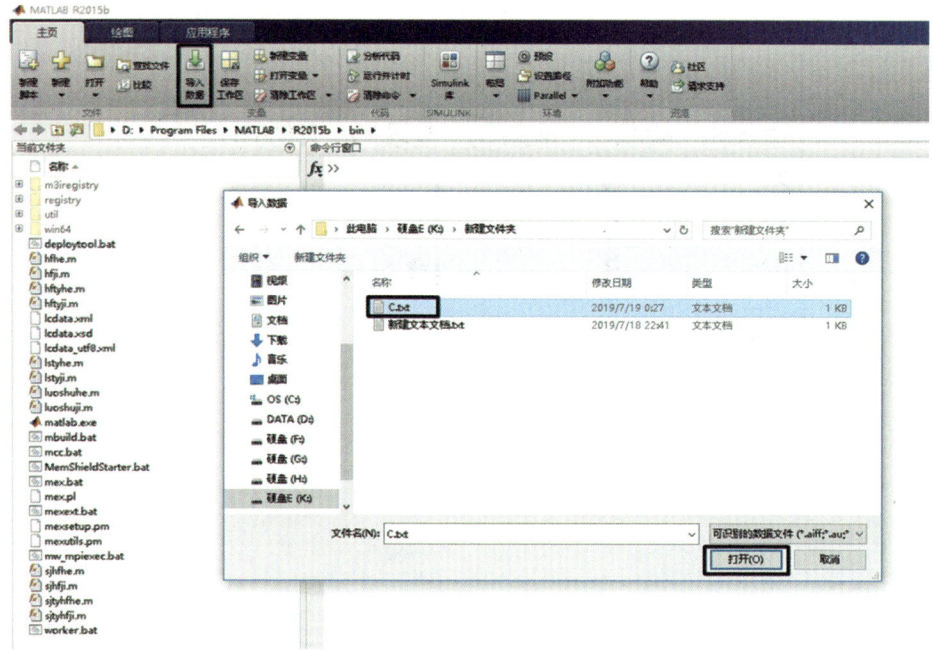

图4-6　导入C.txt数据

第 4 章　等差跳跃幻方的构建

第五步：选择"数值矩阵"，然后单击鼠标左键，选中"导入所选内容"上面的"√"，如图4-7所示。

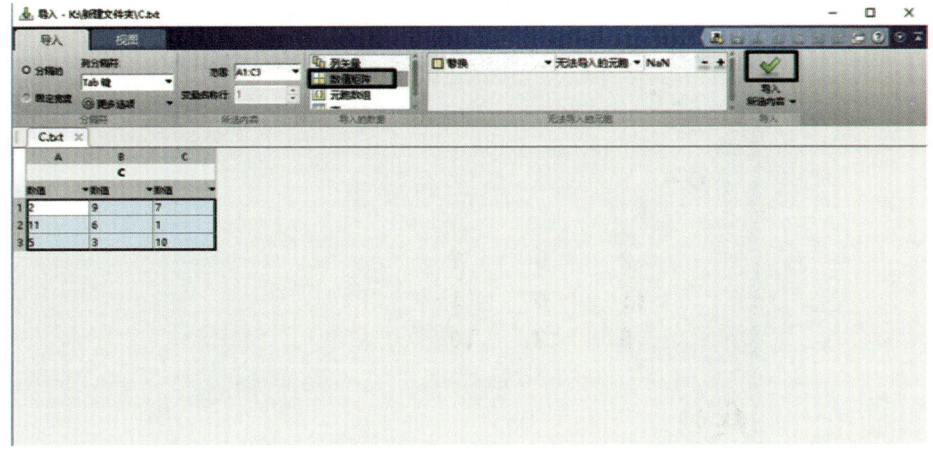

图4-7　将三阶等差跳跃幻方数据导入MATLAB软件

第六步：在MATLAB软件的命令行窗口输入C，然后按Enter键。

最简单的三阶等差跳跃幻方就用MATLAB软件构建完成了，如图4-8所示。

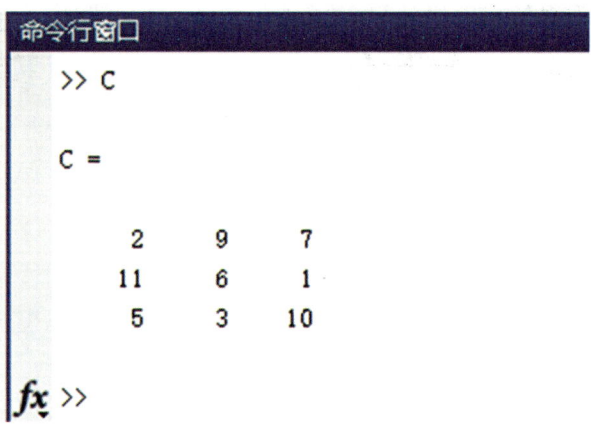

图4-8　三阶等差跳跃幻方在MATLAB软件里构建完成

简单的三阶等差跳跃幻方相当于三阶等差跳跃幻方的母体，在Excel办公软件中输入简单的三阶等差跳跃幻方，再导入MATLAB软件，通过MATLAB软件进行加、减、乘、除的运算，可以得到无数不同起步数、不同等差数的三阶等差跳跃幻方。

跳跃次数和跳跃常数不能通过运算改变，目前只能在构建母体等差跳跃幻方的时候通过手动输入固定，再利用MATLAB软件开源性的特点，自己构建、导入软件，然后进行等差跳跃幻方的构建和数学运算。

第 4 章　等差跳跃幻方的构建

下面举个例子：构建一个起步数为2、等差数为3、跳跃次数为1、跳跃常数为3的三阶等差跳跃幻方，如图4-9所示。

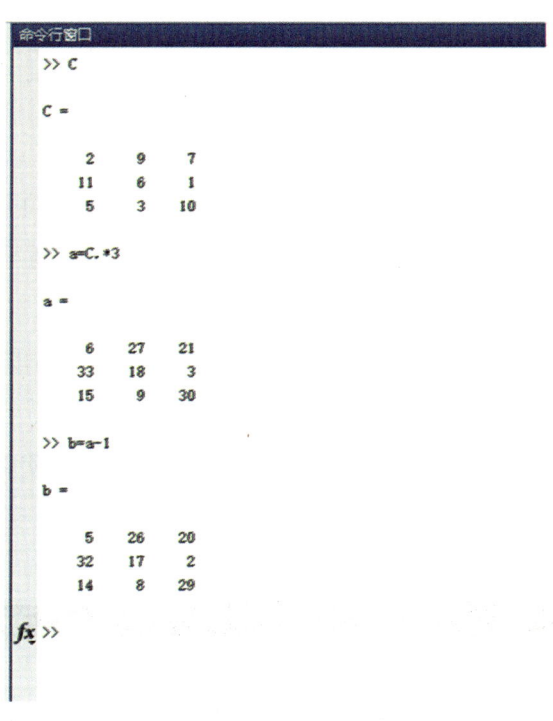

图4-9　三阶等差跳跃幻方的构建

利用母体C的等差跳跃幻方，通过乘3和减1两步操作就得到了起步数为2、等差数为3、跳跃次数为1、跳跃常数为3的三阶等差跳跃幻方。

- 023 -

第5章　等比幻方的构建

等比幻方和等比跳跃幻方的构建也是作者利用MATLAB软件的开源性、根据幻方的规律独创的。构建等比幻方除了使用MATLAB软件，还需要Excel办公软件和计算机的记事本这两种工具。

构建一个最简单的三阶等比幻方：等比数为2，起步数为1，需要分六步走。

第一步：在Excel办公软件中输入一个最简单的三阶等比幻方，如图5-1所示。

图5-1　最简单的三阶等比幻方

第5章　等比幻方的构建

第二步：在计算机桌面单击鼠标右键，新建一个文本文档，即记事本，如图5-2和图5-3所示。

图5-2　新建记事本界面

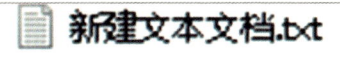

图5-3　新建的文本文档

第三步：复制图5-1的三阶等比幻方，粘贴到记事本里，如图5-4所示。保存文件并重命名为D.txt，如图5-5所示。

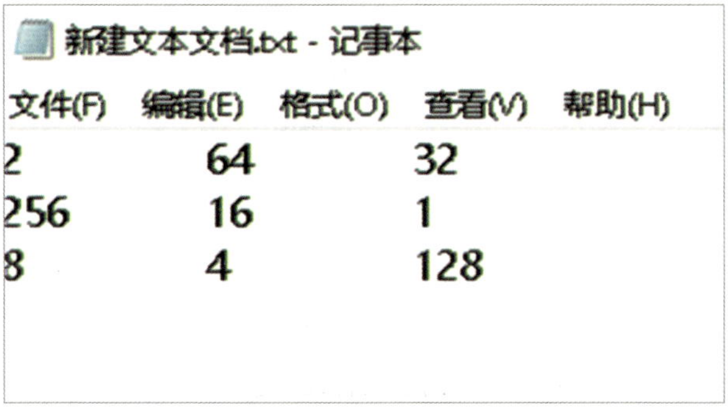

图5-4　将三阶等比幻方粘贴到记事本

图5-5　重命名为D.txt的文本文档

第 5 章　等比幻方的构建

第四步：打开MATLAB软件，选择"导入数据"，如图5-6所示。

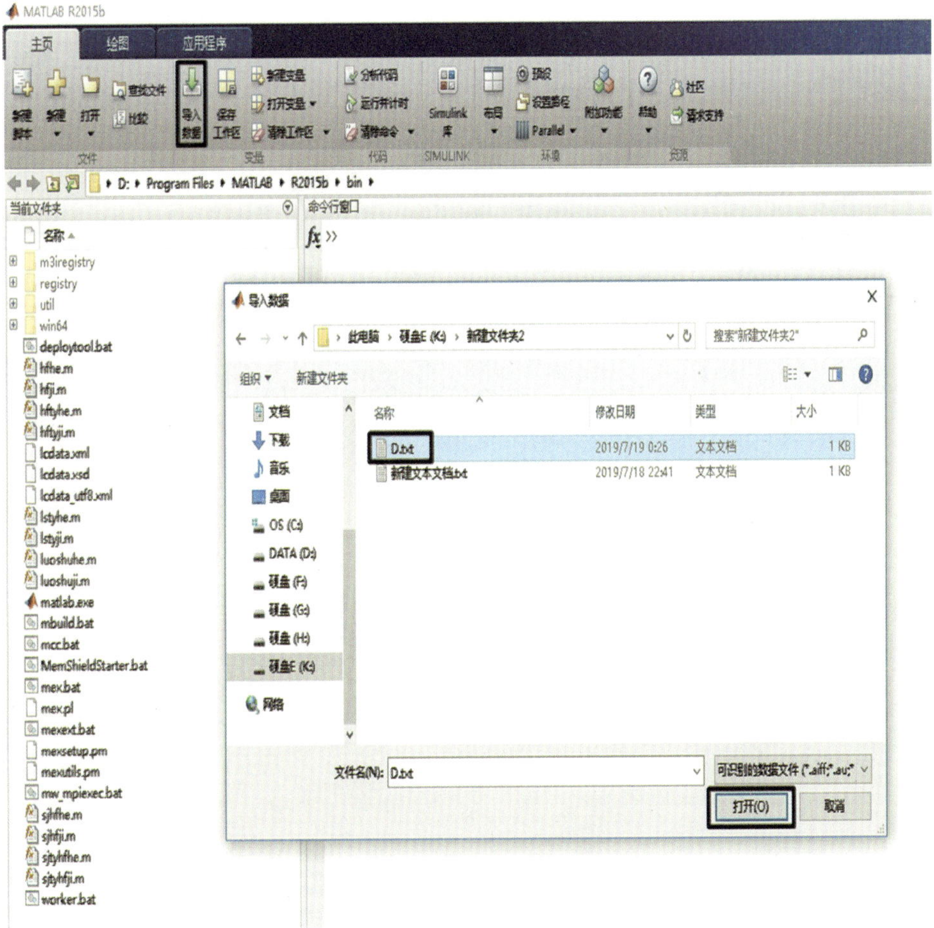

图5-6　导入D.txt数据

第五步：选择"数值矩阵"，然后单击鼠标左键，选中"导入所选内容"上面的"√"，如图5-7所示。

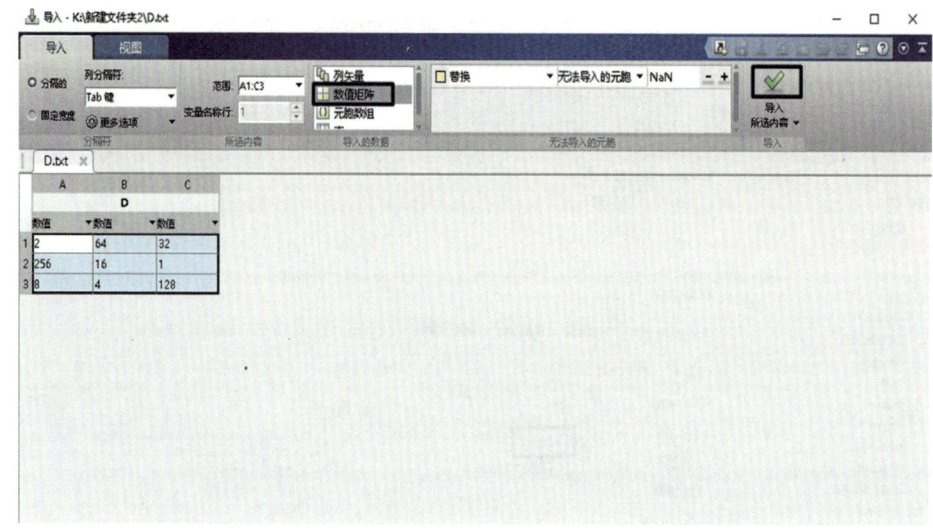

图5-7　将三阶等比幻方数据导入MATLAB软件

第六步：在MATLAB命令行窗口输入D，然后按Enter键。

最简单的三阶等比幻方就用MATLAB软件构建完成了，如图5-8所示。

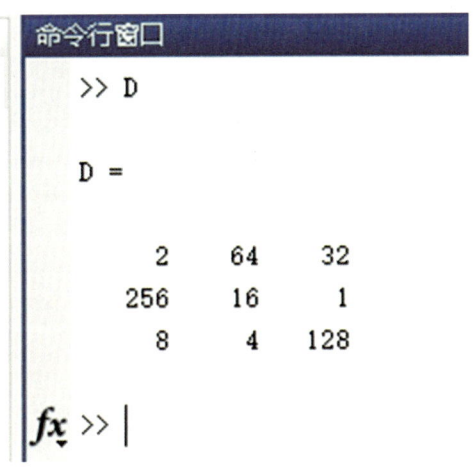

图5-8　三阶等比幻方在MATLAB软件里构建完成

这个最简单的三阶等比幻方相当于等比幻方的母体，通过MATLAB软件进行乘、除运算，可以得到不同起步数的等比幻方。

等比数不能通过运算改变，目前只能在构建母体等比幻方的时候通过手动输入固定，再利用MATLAB软件开源性的特点，自己构建、导入软件，然后进行等比幻方的构建和数学运算。

下面举个例子：构建一个起步数为2、等比数为2的等比幻方，如图5-9所示。

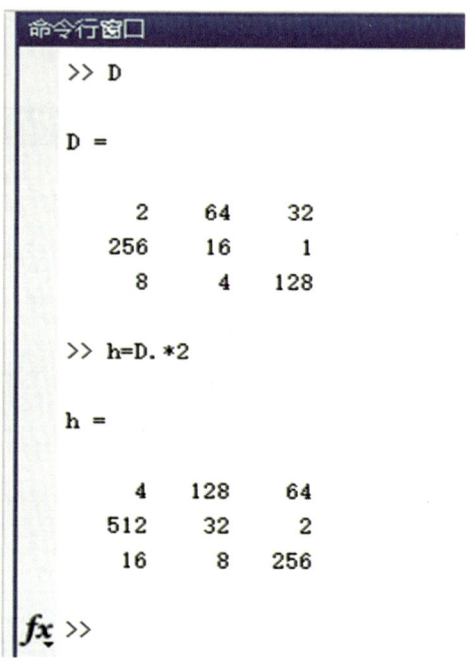

图5-9　起步数为2、等比数为2的等比幻方的构建

利用母体D的等比幻方，通过乘2就得到了起步数为2、等比数为2的等比幻方。

第6章 等比跳跃幻方的构建

等比跳跃幻方的构建需要MATLAB软件、Excel办公软件和计算机的记事本这三种工具。

构建一个最简单的三阶等比跳跃幻方：等比数为2，起步数为1，跳跃次数为1，跳跃常数为3，需要分六步走。

第一步：在Excel办公软件中输入一个最简单的三阶等比跳跃幻方，如图6-1所示。

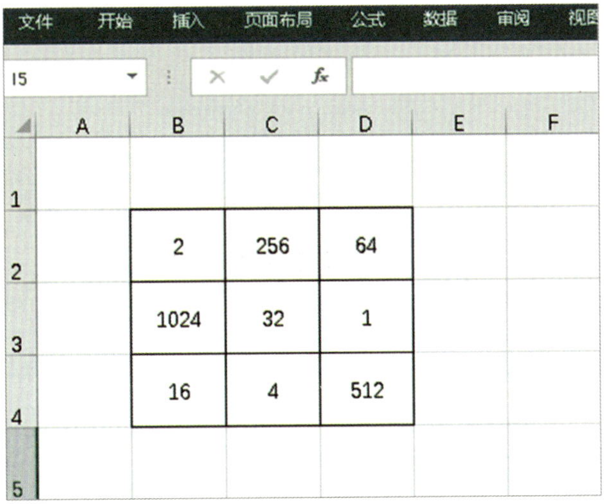

图6-1 最简单的三阶等比跳跃幻方

第二步：在计算机桌面单击鼠标右键，新建一个文本文档，即记事本，如图6-2和图6-3所示。

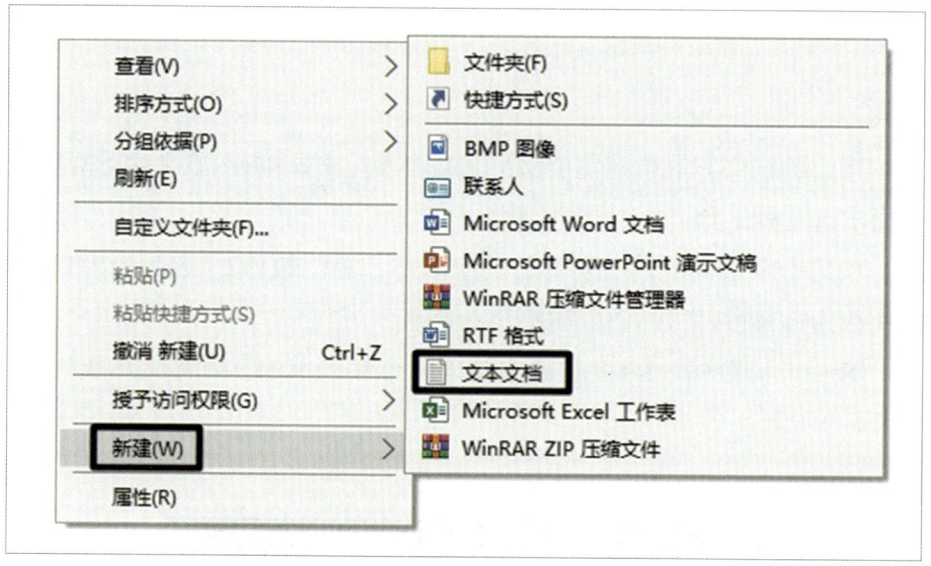

图6-2　新建记事本界面

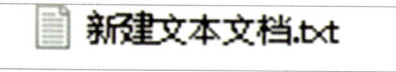

图6-3　新建的记事本

第 6 章　等比跳跃幻方的构建

第三步：复制图6-1的三阶等比跳跃幻方，粘贴到记事本中，如图6-4所示。保存文件并重命名为F.txt，如图6-5所示。

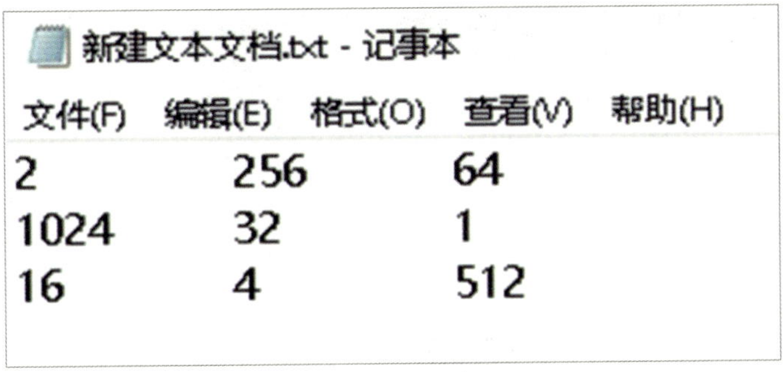

图6-4　将三阶等比跳跃幻方粘贴到记事本

图6-5　重命名为F.txt的记事本

- 033 -

第四步：打开MATLAB软件，选择"导入数据"，如图6-6所示。

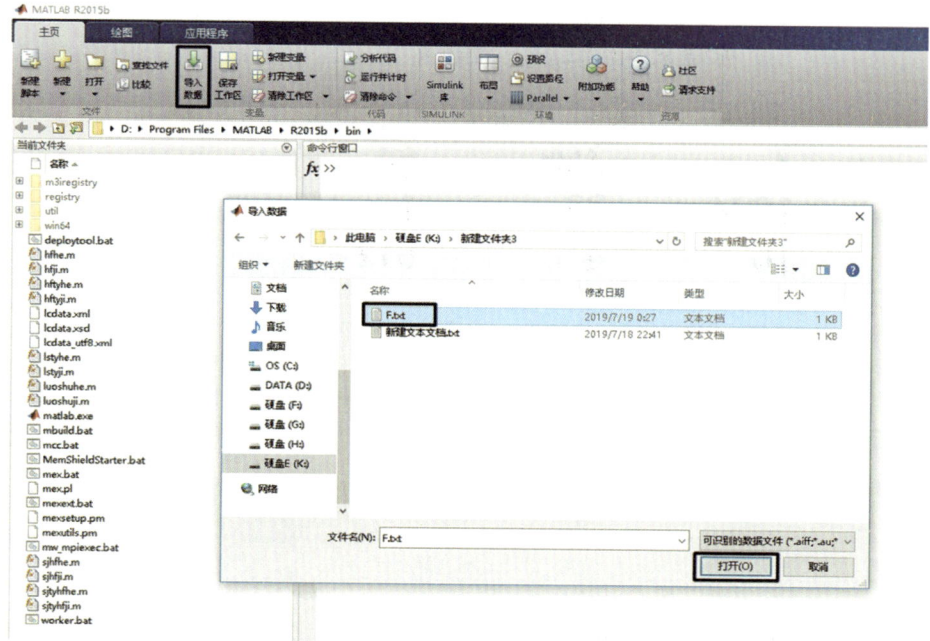

图6-6　导入F.txt数据

第6章 等比跳跃幻方的构建

第五步：选择"数值矩阵"，然后单击鼠标左键，选中"导入所选内容"上面的"√"，如图6-7所示。

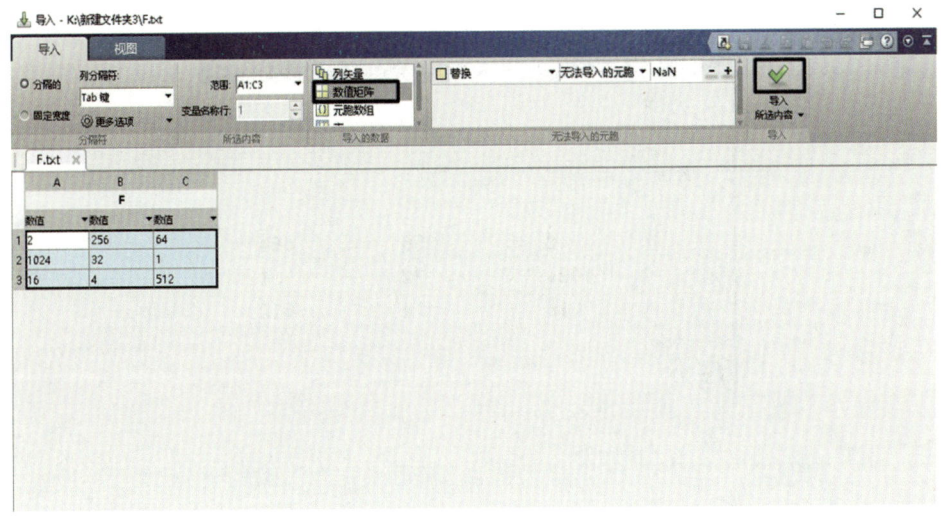

图6-7 将三阶等比跳跃幻方数据导入MATLAB软件

第六步：在MATLAB命令行窗口输入F，然后按Enter键。

最简单的三阶等比跳跃幻方就用MATLAB软件构建完成了，如图6-8所示。

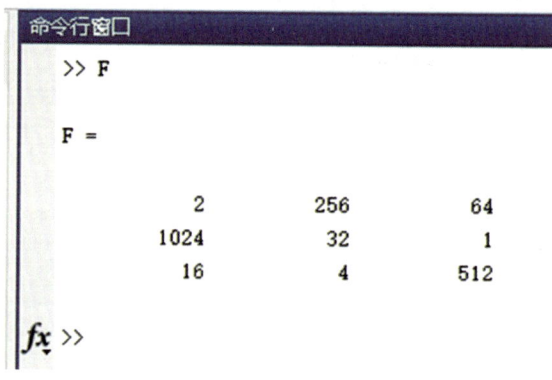

图6-8　三阶等比跳跃幻方在MATLAB软件里构建成功

这个最简单的三阶等比跳跃幻方相当于等比跳跃幻方的母体，通过MATLAB软件进行乘、除运算，就可以得到不同起步数的等比跳跃幻方。

等比数、跳跃次数和跳跃常数不能通过运算改变，目前只能在构建母体等比跳跃幻方的时候通过手动输入固定，再利用MATLAB软件开源性的特点，自己构建、导入软件，然后进行等比跳跃幻方的构建和数学运算。

下面举个例子：构建一个起步数为3、等比数为2、跳跃次数为1、跳跃常数为3的等比跳跃幻方，如图6-9所示。

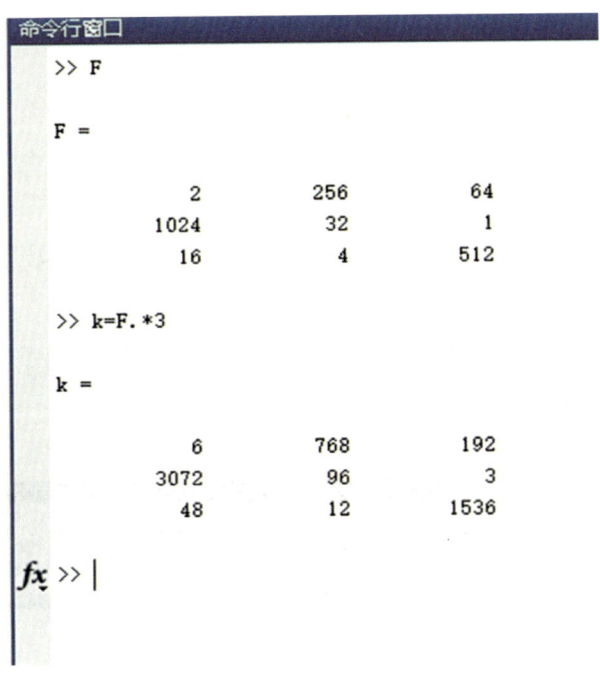

图6-9　起步数为3、等比数为2、跳跃次数为1、跳跃常数为3的等比跳跃幻方的构建

利用母体F的等比跳跃幻方，通过乘3就得到了起步数为3、等比数为2、跳跃次数为1、跳跃常数为3的等比跳跃幻方。

第 7 章　通过幻方的旋转、翻转和翻滚构建新幻方

本章介绍在MATLAB软件中，通过幻方的旋转、翻转和翻滚构建新幻方的方法。以起步数为1、等差数为1的三阶幻方为例，图7-1~图7-4分别为将幻方逆时针旋转90°、180°、270°和360°，图7-5和图7-6分别为将幻方左右翻转和上下翻滚。

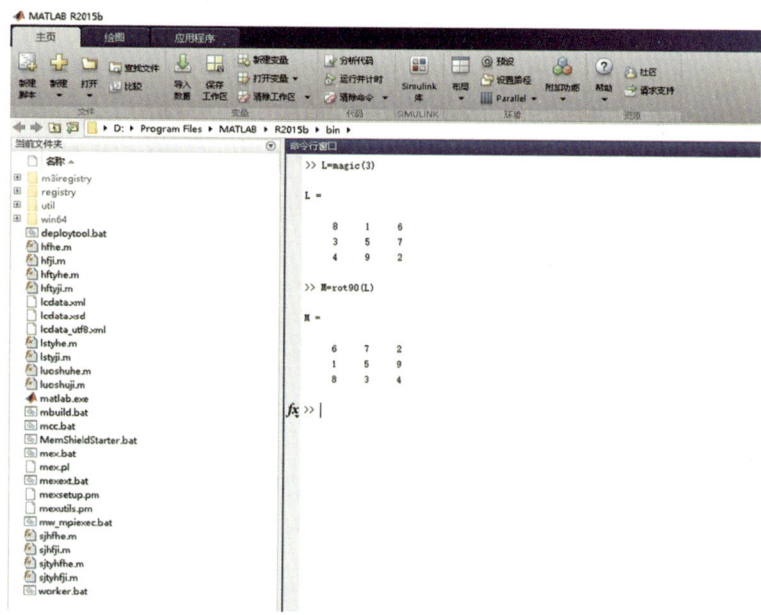

图7-1　幻方逆时针旋转90°

第 7 章 通过幻方的旋转、翻转和翻滚构建新幻方

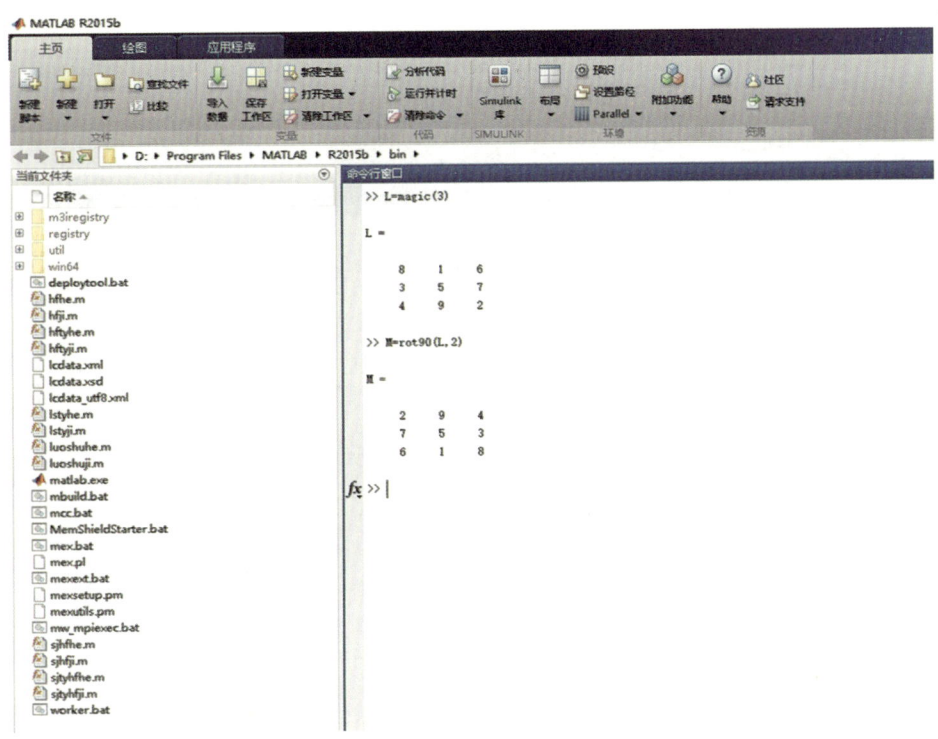

图7-2 幻方逆时针旋转180°

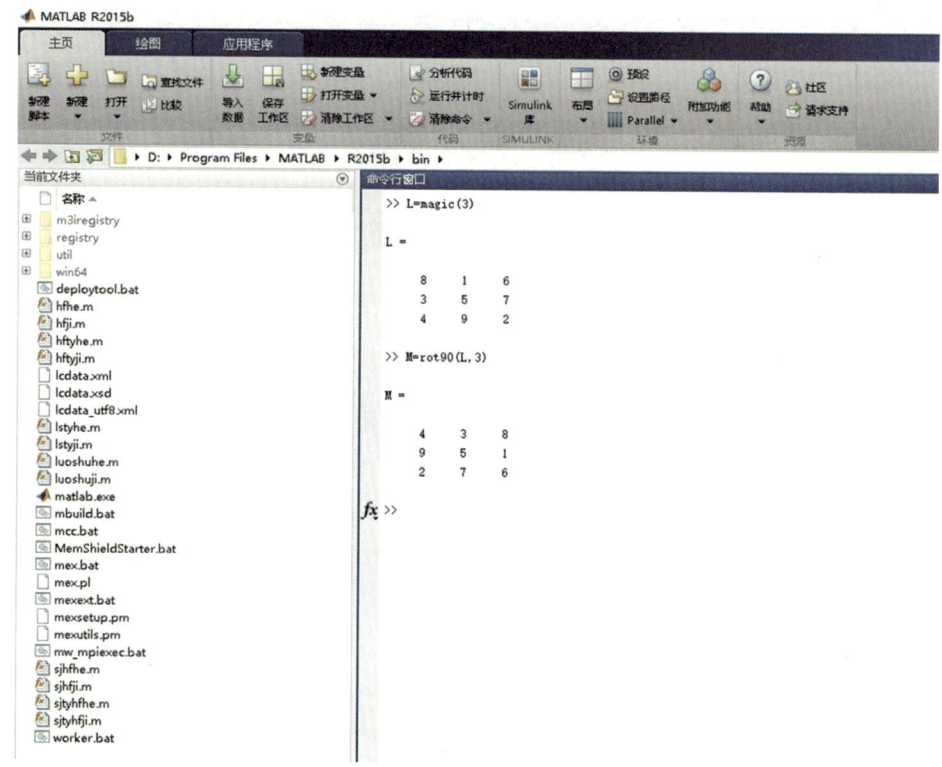

图7-3　幻方逆时针旋转270°

第 7 章 通过幻方的旋转、翻转和翻滚构建新幻方

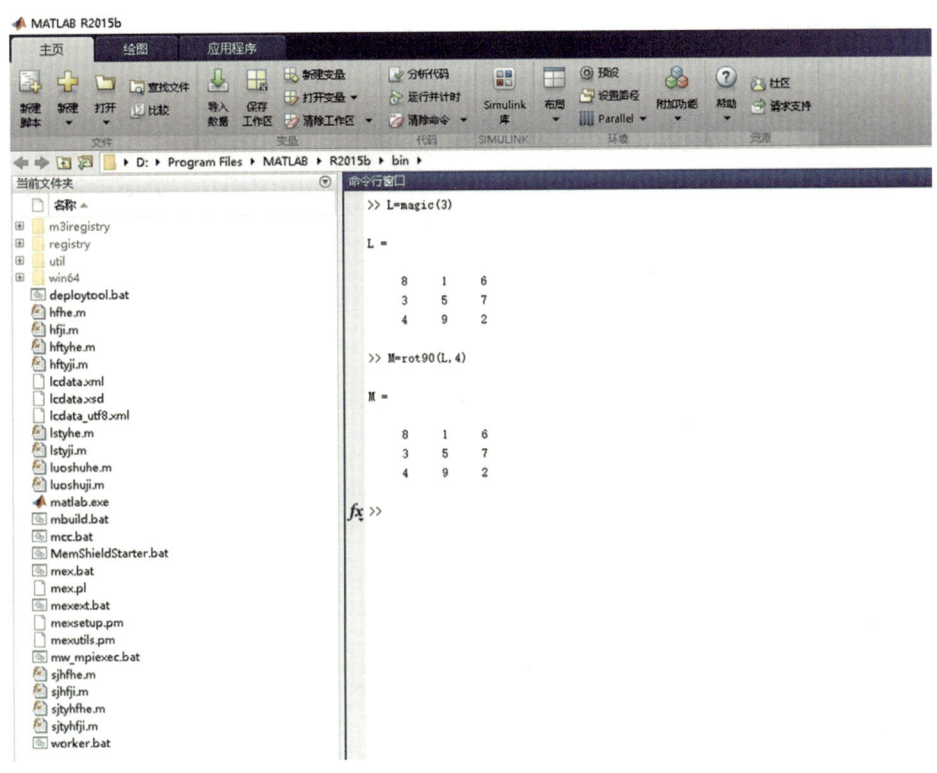

图7-4 幻方逆时针旋转360°

MATLAB 之幻方

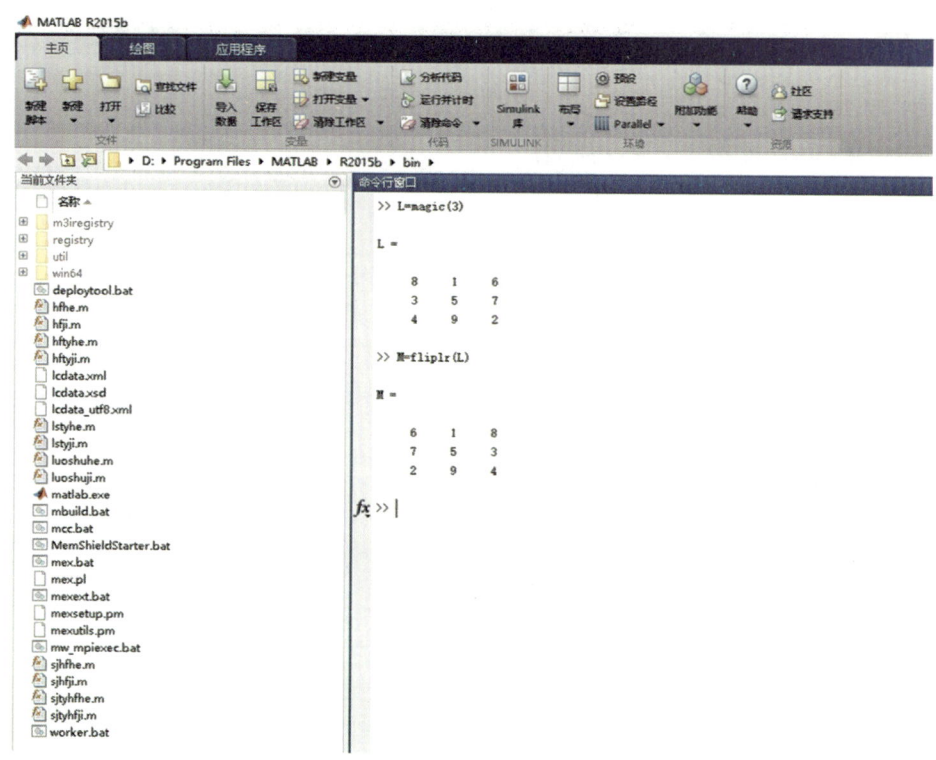

图7-5　幻方左右翻转

第 7 章　通过幻方的旋转、翻转和翻滚构建新幻方

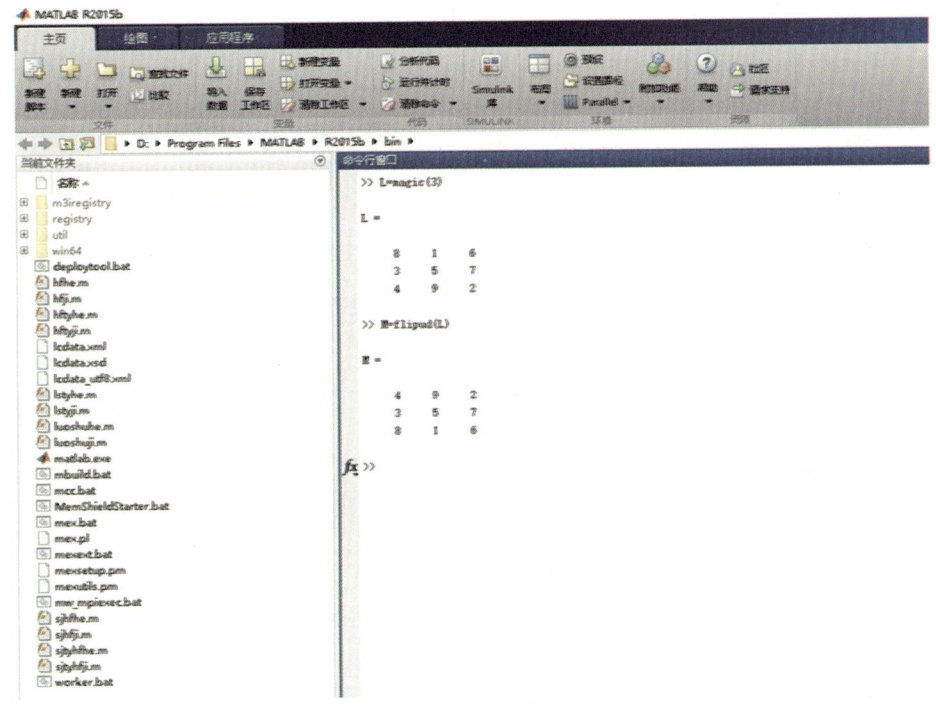

图7-6　幻方上下翻滚

可将所有幻方旋转、翻转和翻滚的输入指令总结为分两步走。

第一步：在命令行窗口输入L=magic(*j*)，然后按Enter键。其中 *j* 代表幻方的阶数。

第二步分以下六种情况介绍。

1. 对于幻方逆时针旋转90°

在命令行窗口输入M=rot90(L)，然后按Enter键。

– 043 –

2. 对于幻方逆时针旋转180°

在命令行窗口输入M=rot90(L,2)，然后按Enter键。

3. 对于幻方逆时针旋转270°

在命令行窗口输入M=rot90(L,3)，然后按Enter键。

4. 对于幻方逆时针旋转360°

在命令行窗口输入M=rot90(L,4)，然后按Enter键。

5. 对于幻方左右翻转

在命令行窗口输入M=fliplr(L)，然后按Enter键。

6. 对于幻方上下翻滚

在命令行窗口输入M=flipud(L)，然后按Enter键。

按这两步走，就可以完成任意阶幻方的旋转、翻转和翻滚操作。

第8章　通过幻方的运算构建新幻方

本章介绍通过MATLAB软件对幻方进行加、减、乘、除运算构建新幻方的方法。以起步数为1、等差数为1的三阶等差幻方为原始幻方，进行自然数的加、减、乘、除运算。

图8-1～图8-4分别为三阶等差幻方与自然数通过加、减、乘、除运算构建的新幻方。

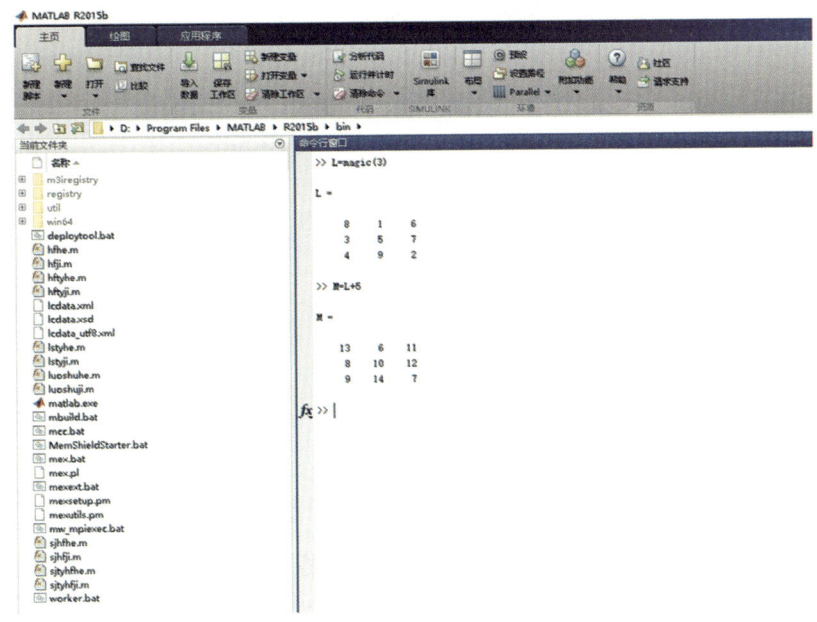

图8-1　三阶等差幻方加5得到的新幻方

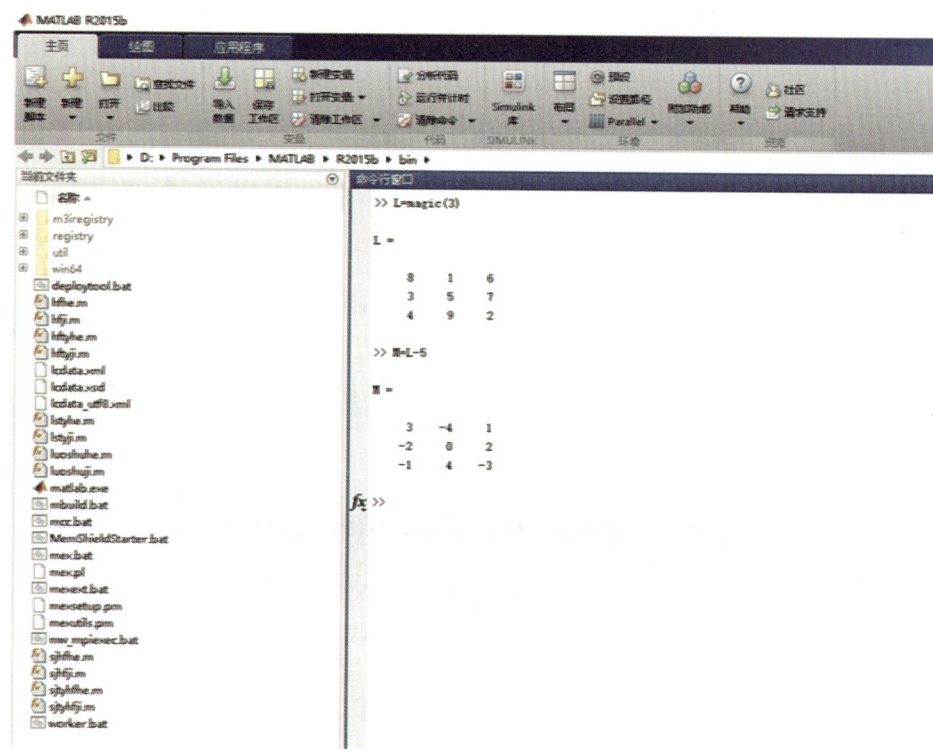

图8-2 三阶幻方减5得到的新幻方

第 8 章　通过幻方的运算构建新幻方

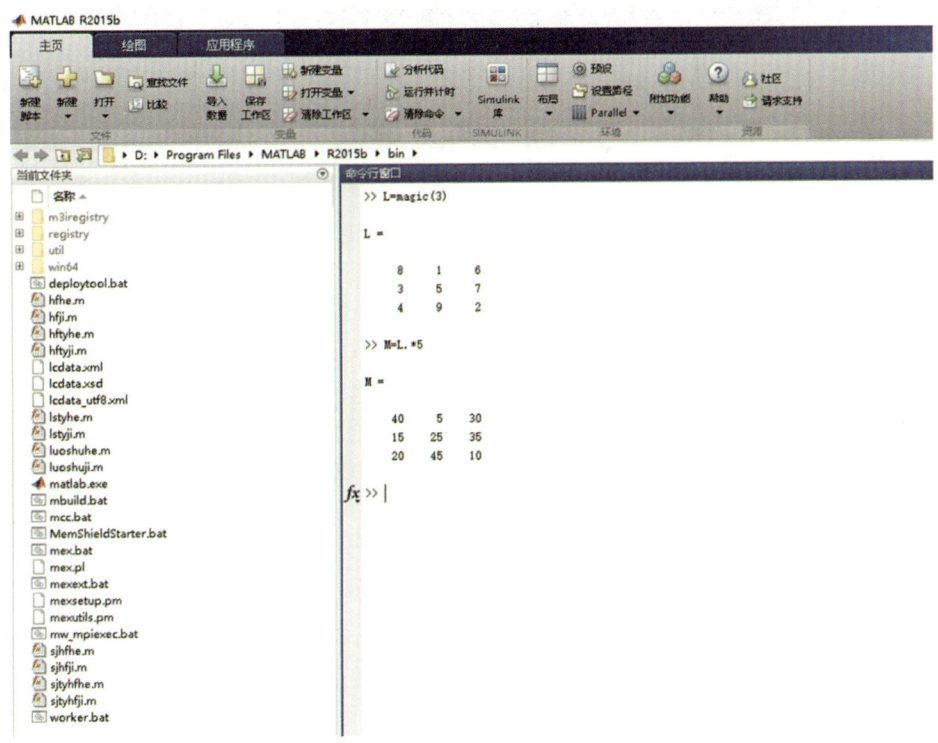

图8-3　三阶幻方乘5得到的新幻方

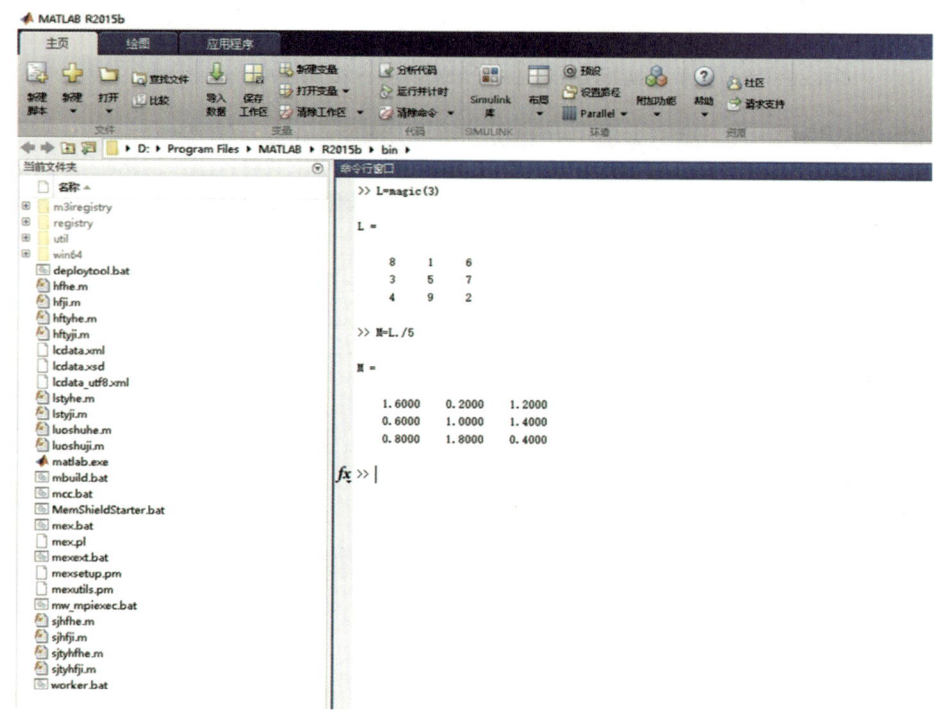

图8-4 三阶幻方除以5得到的新幻方

计算幻方的加、减、乘、除的指令方法分两步走。

第一步：在命令行窗口输入L=magic(j)，然后按Enter键。其中j代表幻方的阶数。

第二步：分以下4种情况。

1. 幻方与自然数做加法运算

在命令行窗口输入 M=L+n，然后按Enter键。

2. 幻方与自然数做减法运算

在命令行窗口输入 M=L−n，然后按Enter键。

3. 幻方与自然数做乘法运算

在命令行窗口输入 M=L.*n，然后按Enter键。

4. 幻方与自然数做除法运算

在命令行窗口输入 M=L./n，然后按Enter键。

（其中 n 代表任意自然数）

第 9 章　任意阶幻方幻和、幻乘积的计算

本章介绍用MATLAB软件对任意阶幻方进行幻和、幻乘积的计算方法。以最简单的三阶等差幻方为例计算幻和，如图9-1所示。

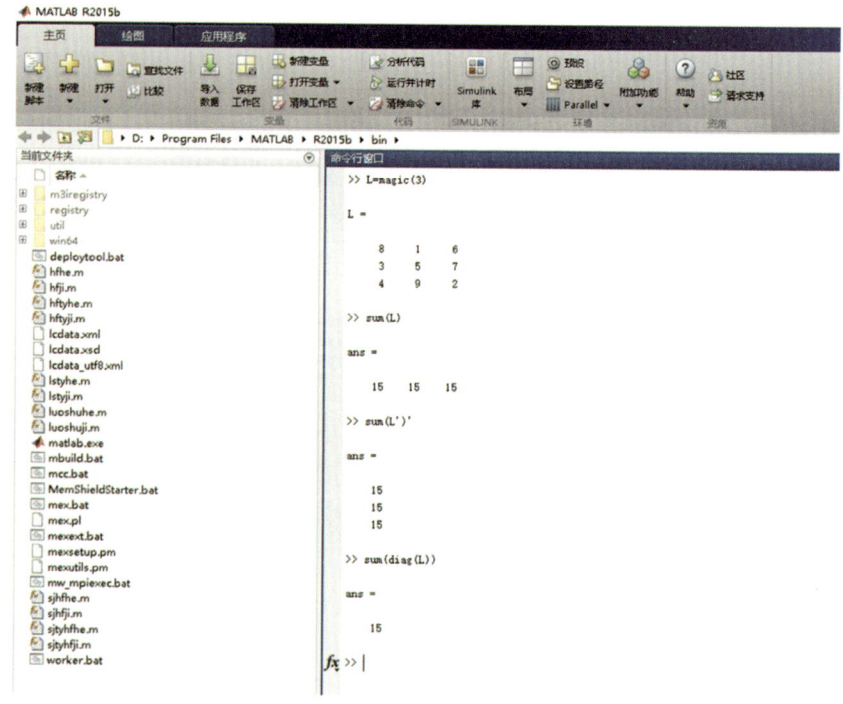

图9-1　三阶等差幻方列、行和对角线之和的计算方法

第 9 章 任意阶幻方幻和、幻乘积的计算

计算幻方列、行和对角线之和的指令方法分两步走。

第一步：在命令行窗口输入L=magic(j)，然后按Enter键。其中j代表幻方的阶数。

第二步分以下3种情况介绍。

1. 计算各列的幻和

在命令行窗口输入sum(L)，然后按Enter键。

2. 计算各行的幻和

在命令行窗口输入sum(L')'，然后按Enter键。

3. 计算对角线的幻和

在命令行窗口输入sum(diag(L))，然后按Enter键。

以最简单的三阶等比幻方为例计算幻乘积，如图9-2所示。

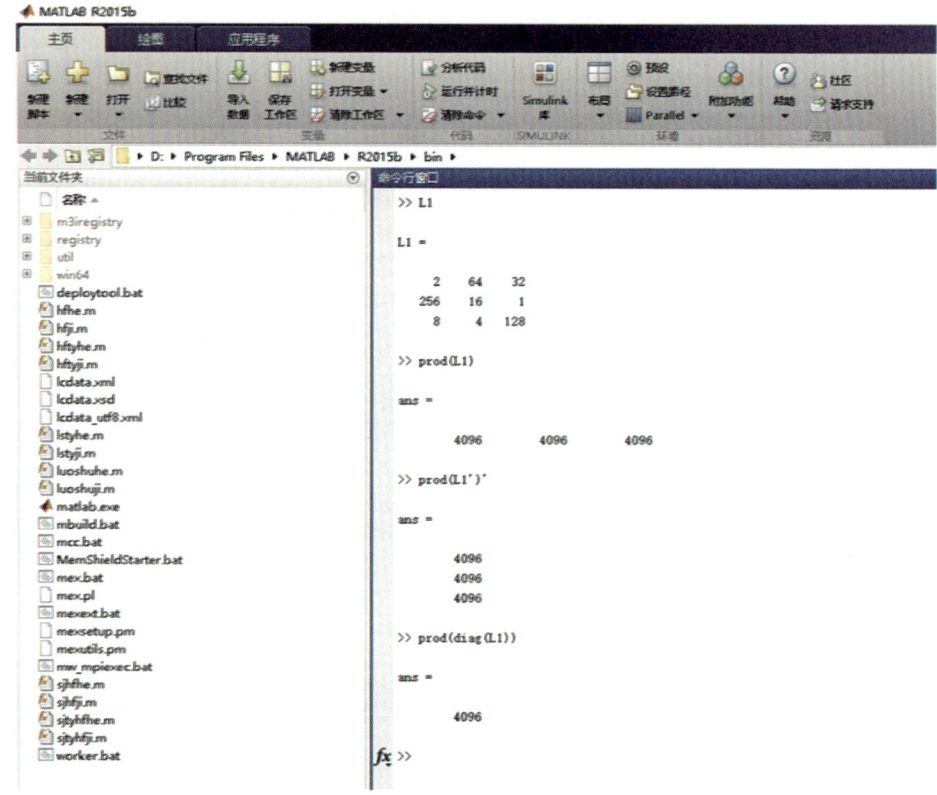

图9-2　三阶等比幻方列、行和对角线之乘积的计算方法

计算等比幻方列、行和对角线之乘积的指令方法分两步走。

第一步：在命令行窗口输入L1，然后按Enter键。其中L1为作者构建、导入的最简单三阶等比幻方。

第二步：分以下3种情况。

1. 计算各列的幻乘积

在命令行窗口输入prod(L1)，然后按Enter键。

2. 计算各行的幻乘积

在命令行窗口输入prod(L1')'，然后按Enter键。

3. 计算对角线的幻乘积

在命令行窗口输入prod (diag(L1))，然后按Enter键。

以上系统讲解了幻方幻和、幻乘积的计算方法，需要反复练习才能融会贯通，轻松应对各种幻方的构建和运算。

第 10 章 幻方运算代码编程

本章介绍如何利用MATLAB的开源性进行幻方运算代码编程，这也是MATLAB软件在幻方应用方面的高级版。利用作者提出的幻方代码及操作方法，可以进行以下计算：

任意阶幻方的幻和、幻乘积；

不同起步数的幻方幻和、幻乘积；

不同等差数的幻方幻和、幻乘积；

不同等比数的幻方幻和、幻乘积；

不同跳跃次数的幻方幻和、幻乘积；

不同跳跃常数的幻方幻和、幻乘积。

10.1 等差幻方运算代码编程

三阶等差幻方运算代码编程的步骤：打开MATLAB软件，单击软件左上方的"新建"按钮，在下拉菜单中选中"脚本"，如图10-1所示；在新建的编辑器里编写三阶等差幻方运算代码，如图10-2所示。

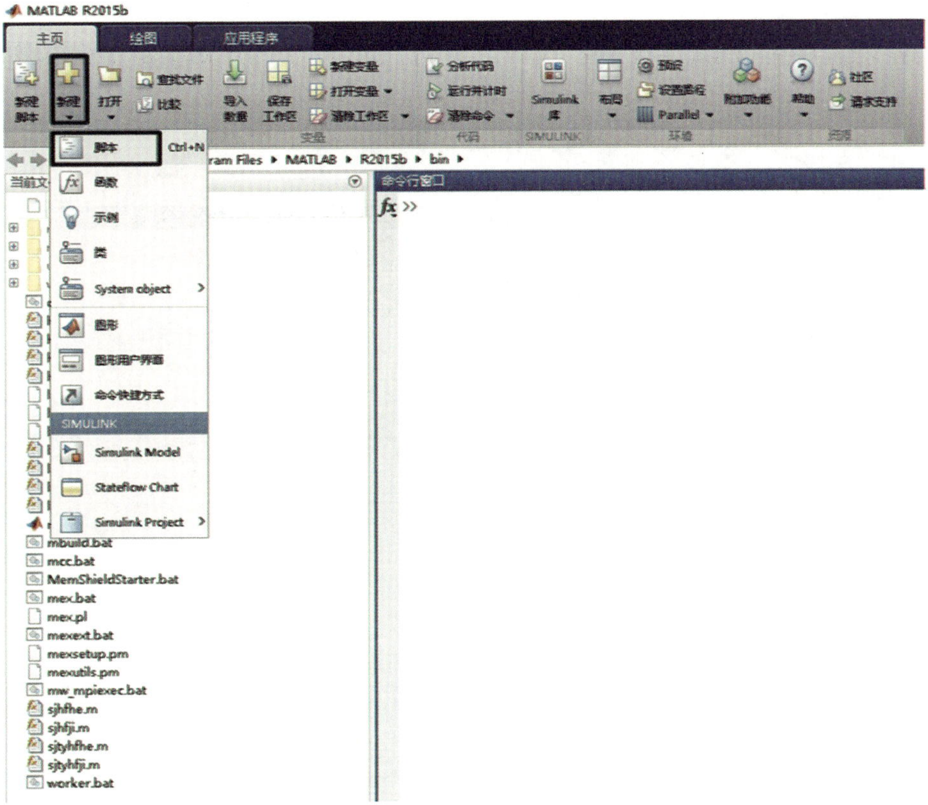

第 10 章　幻方运算代码编程

图10-1　新建脚本

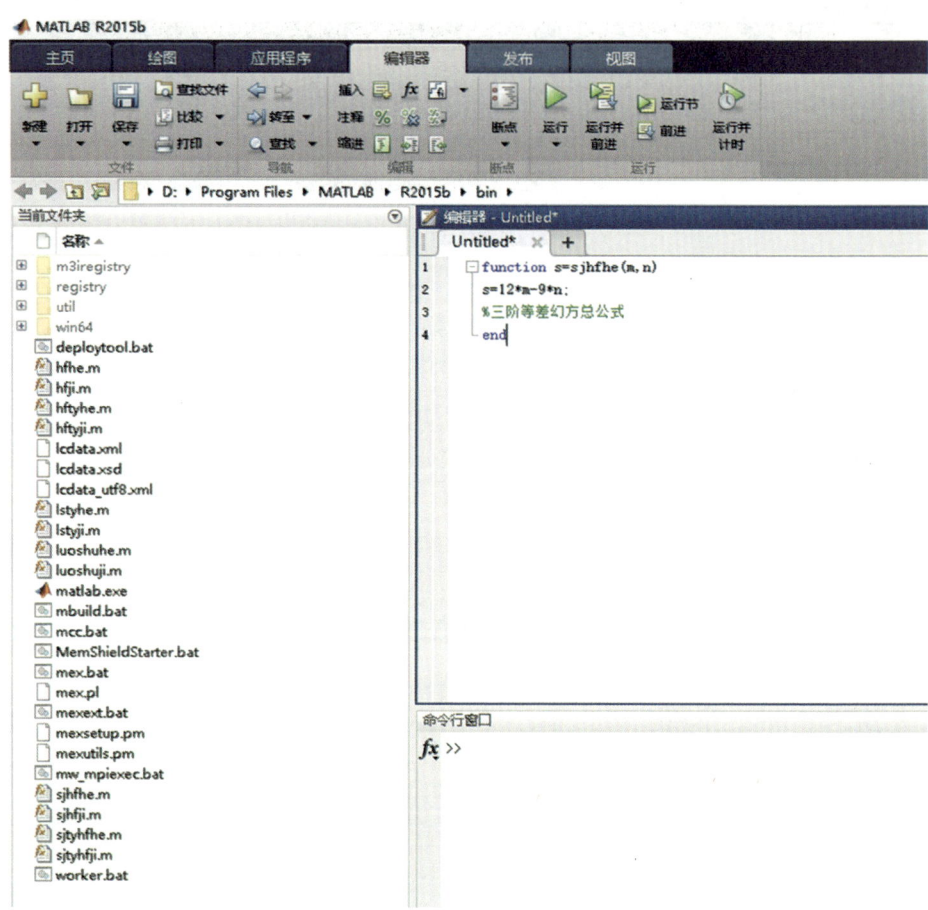

图10-2　在编辑器里编写三阶等差幻方运算代码

第 10 章　幻方运算代码编程

任意阶等差幻方运算代码编程的步骤：打开MATLAB软件，单击软件左上方的"新建"按钮，在下拉菜单中选中"脚本"，如图10-3所示；在新建的编辑器里编写任意阶等差幻方运算代码，如图10-4所示。

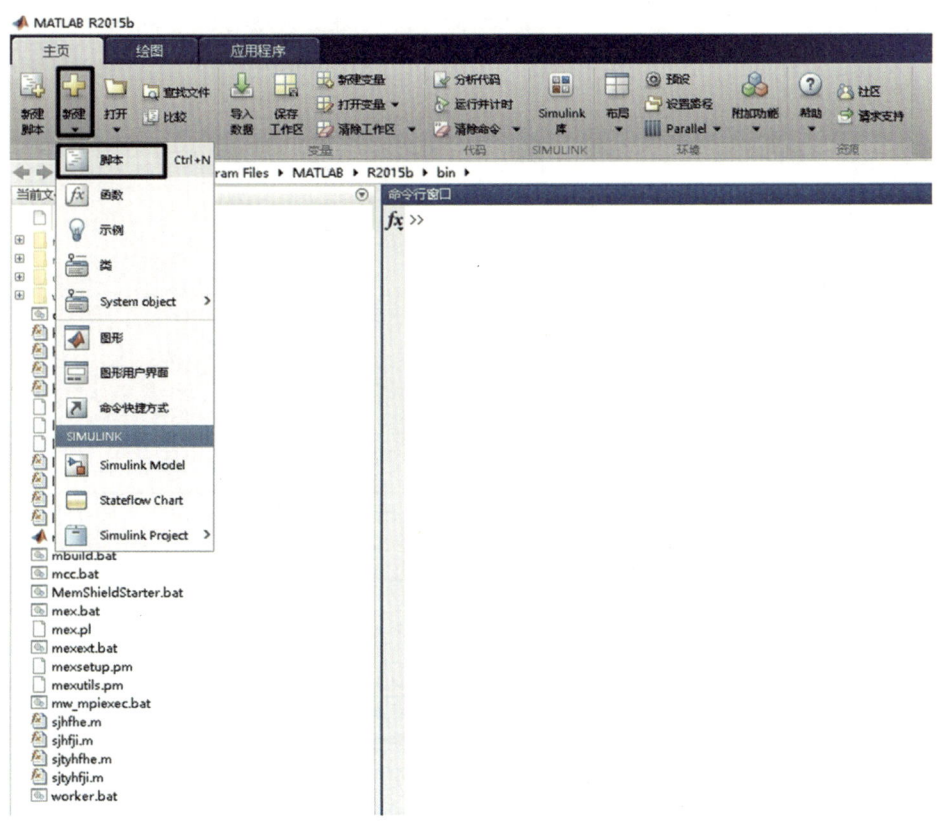

图10-3　新建脚本

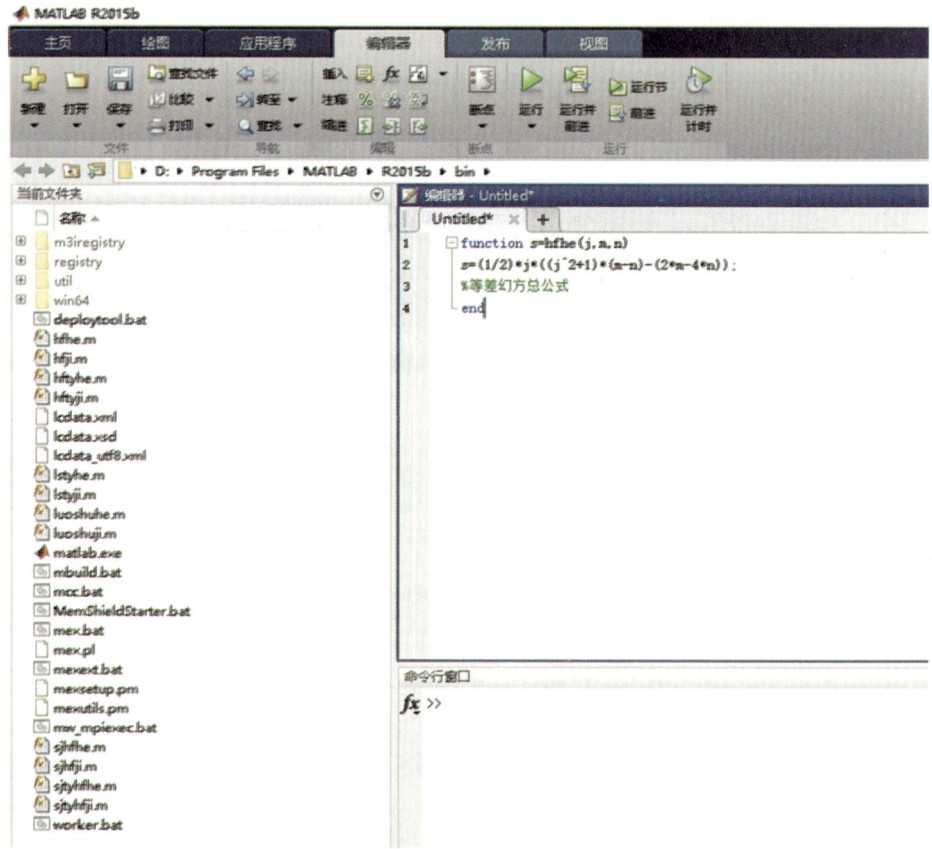

图10-4　在编辑器里编写任意阶等差幻方运算代码

　　三阶等差幻方运算代码和任意阶等差幻方运算代码保存的方法相同：等差幻方运算代码编写好后，单击MATLAB软件左上方的"保存"按钮，在下拉菜单中选中"另存为"，如图10-5所示（以任意阶等差幻方运算代码为例）；在计算机文件路径界面选择保存代码的路径，计算机默认的保

第 10 章　幻方运算代码编程

存路径是在MATLAB软件的bin文件夹；将三阶等差幻方运算代码文件命名为sjhfhe.m（任意阶等差幻方运算代码文件命名为hfhe.m），保存类型选择MATLAB代码文件(*.m)，单击鼠标左键，选中"保存"，如图10-6所示（以任意阶等差幻方运算代码为例）。

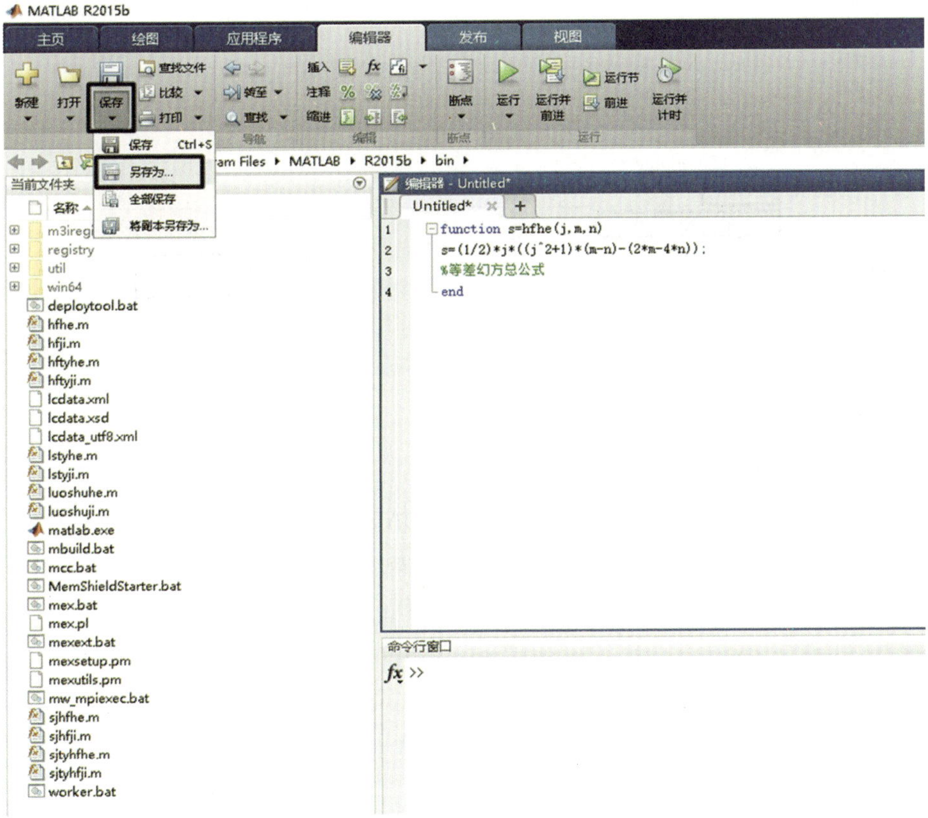

图10-5　保存代码（1）

- 059 -

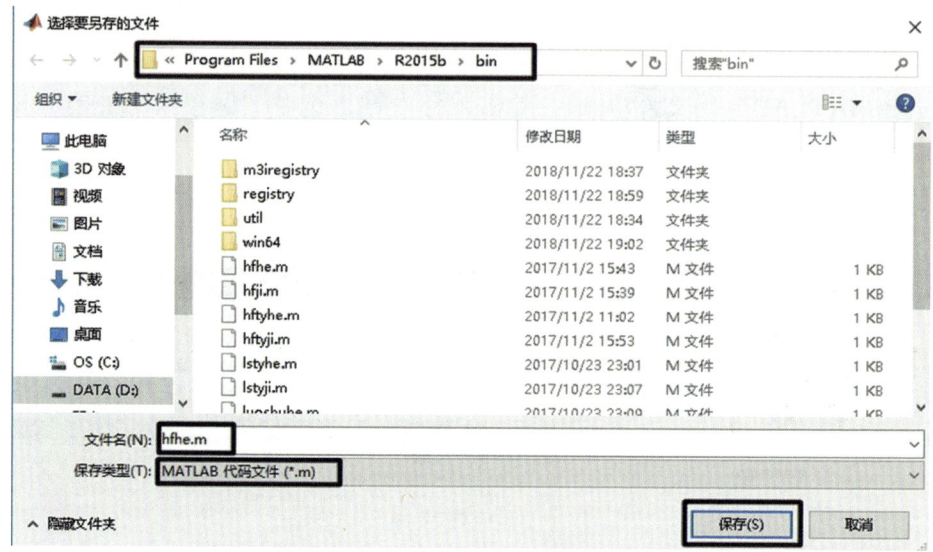

图10-6　保存代码（2）

等差幻方运算代码文件保存在MATLAB软件的bin文件夹中后，代码文件就会自动出现在MATLAB软件打开界面左侧的"当前文件夹"中，如图10-7所示（以任意阶等差幻方运算代码为例）。

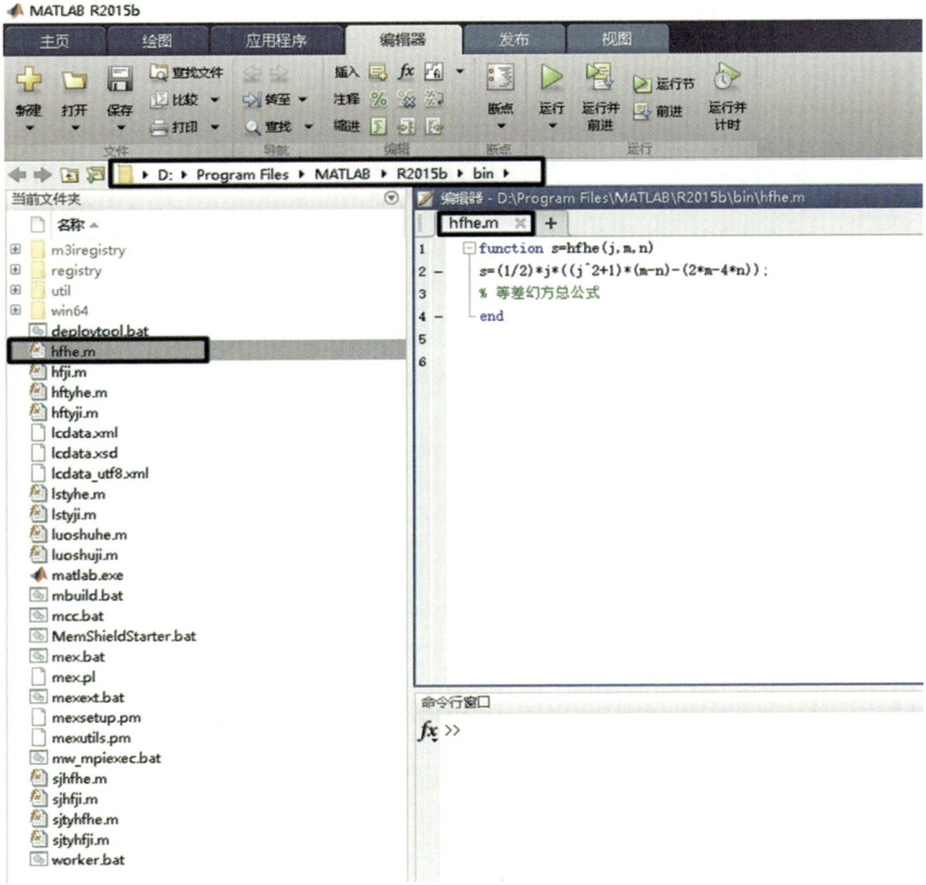

第 10 章 幻方运算代码编程

图10-7 保存的代码文件显示在软件界面左侧

以上就是三阶等差幻方运算代码和任意阶等差幻方运算代码的编程步骤和保存方法。

只要按照公式来简化，可以单独生成四阶等差幻方、五阶等差幻

— 061 —

方……N阶等差幻方的单独运算代码，编程原理跟三阶等差幻方运算代码的编程原理一样，只需要在代码里调换下对应的公式即可。

10.2　等差跳跃幻方运算代码编程

三阶等差跳跃幻方运算代码编程的步骤：打开MATLAB软件，单击软件左上方的"新建"按钮，在下拉菜单中选中"脚本"，如图10-8所示。然后在新建的编辑器里编写三阶等差跳跃幻方运算代码，如图10-9所示。

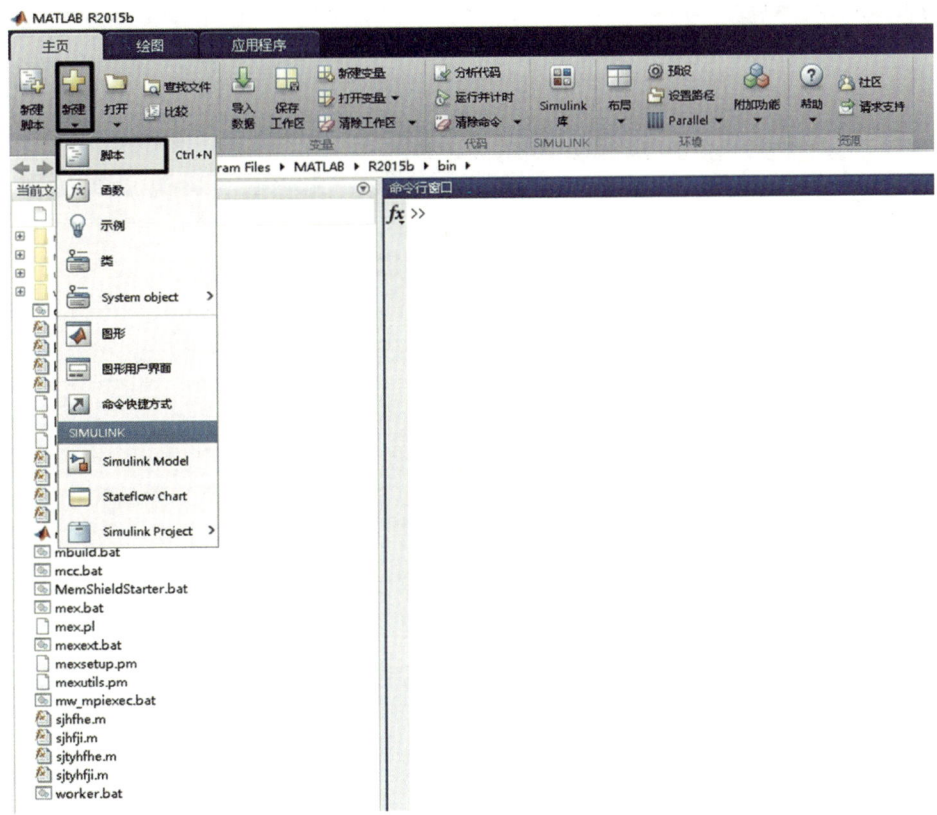

图10-8 新建脚本

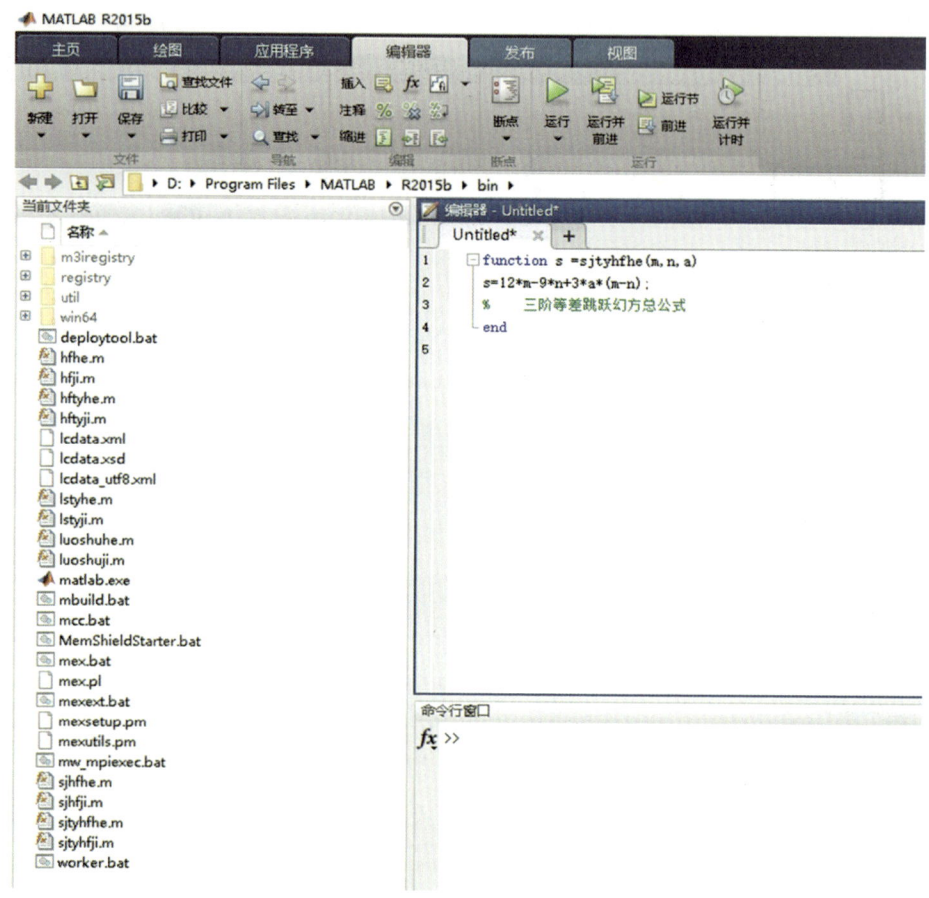

图10-9　三阶等差跳跃幻方运算代码

任意阶等差跳跃幻方运算代码编程的步骤：打开MATLAB软件，单击软件左上方的"新建"按钮，在下拉菜单中选中"脚本"，如图10-10所示。然后在新建的编辑器里编写等差跳跃幻方运算代码，如图10-11所示。

第 10 章 幻方运算代码编程

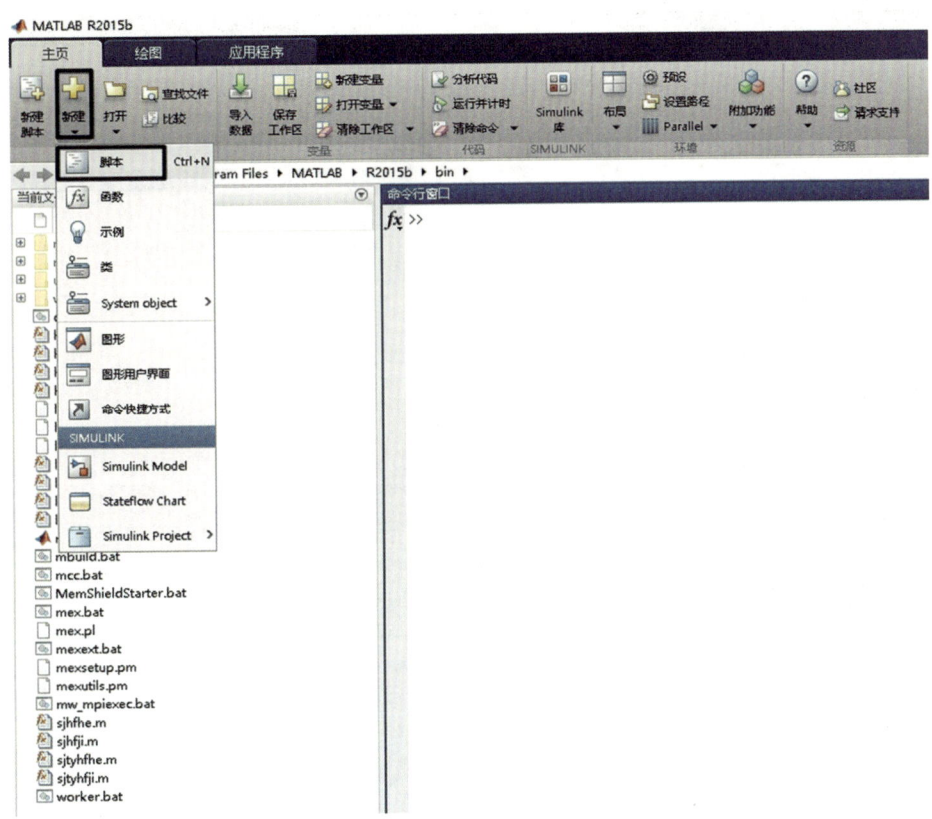

图10-10 新建脚本

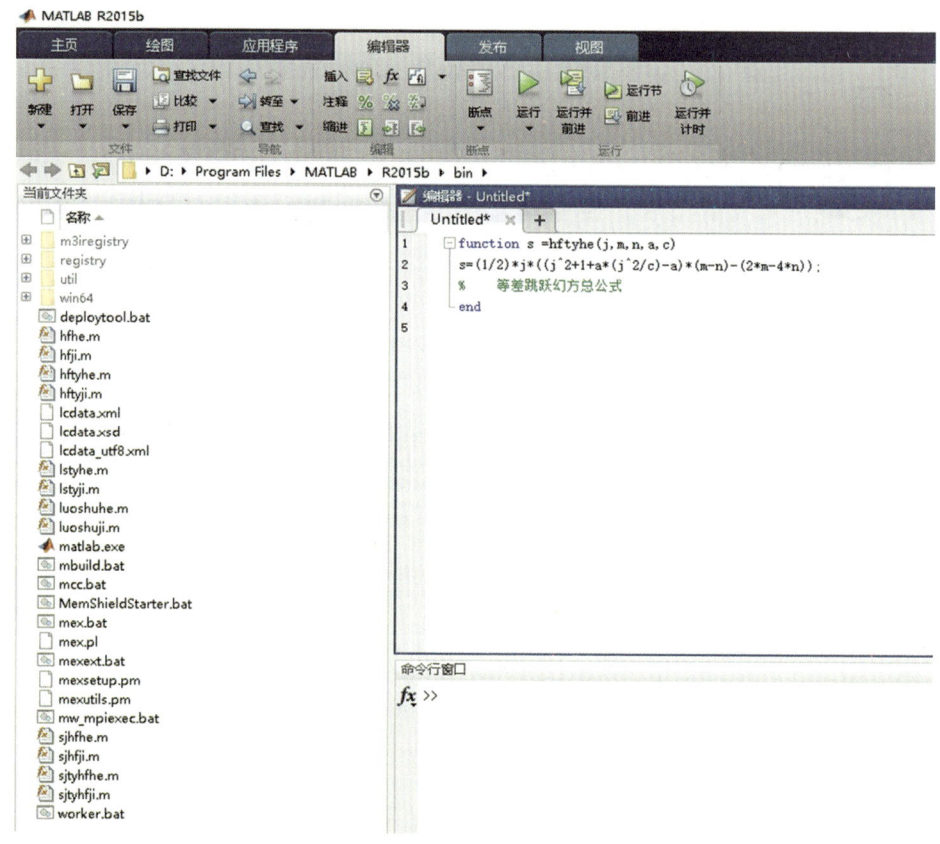

图10-11　等差跳跃幻方运算代码

　　三阶等差跳跃幻方运算代码与任意阶等差跳跃幻方运算代码保存的方法相同：等差跳跃幻方运算代码编写完成后，单击MATLAB软件左上方的"保存"按钮，在下拉菜单中选中"另存为"，如图10-12所示（以任意阶等差跳跃幻方运算代码为例）；在计算机的文件路径界面选择保存

第 10 章　幻方运算代码编程

代码的路径，电脑默认的保存路径是在MATLAB软件的bin文件夹；将三阶等差跳跃幻方运算代码文件命名为sjtyhfhe.m（任意阶等差跳跃幻方运算代码文件命名为hftyhe.m），保存类型选择MATLAB代码文件(*.m)，单击鼠标左键，选中"保存"，如图10-13所示（以任意阶等差跳跃幻方运算代码为例）。

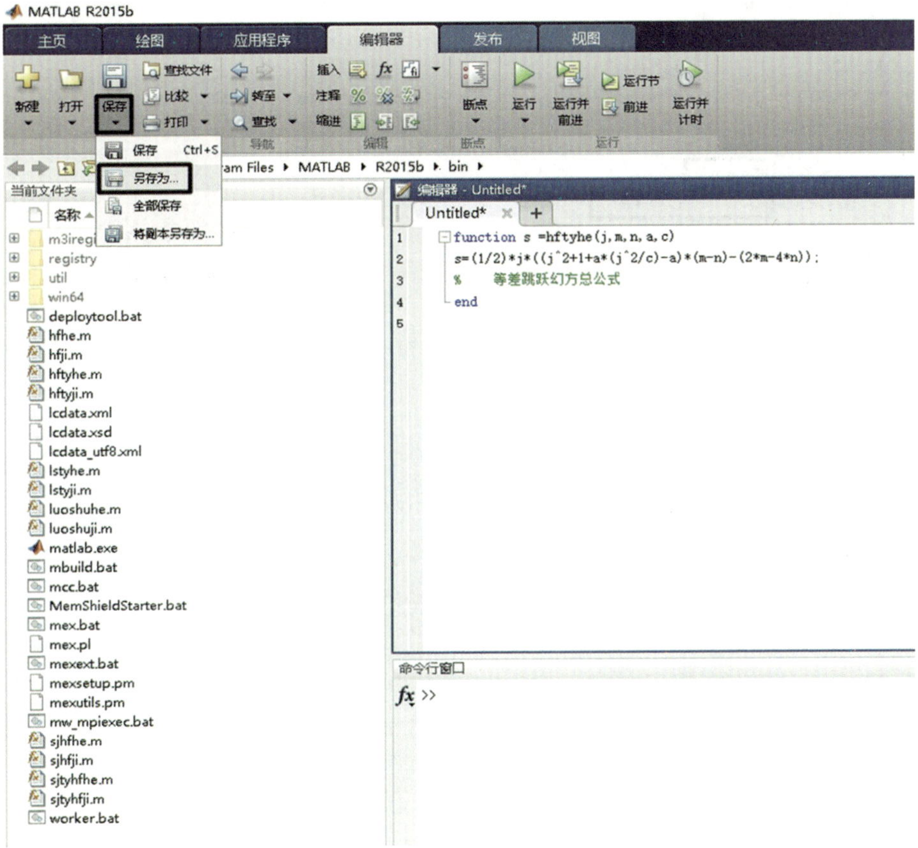

图10-12　保存代码（1）

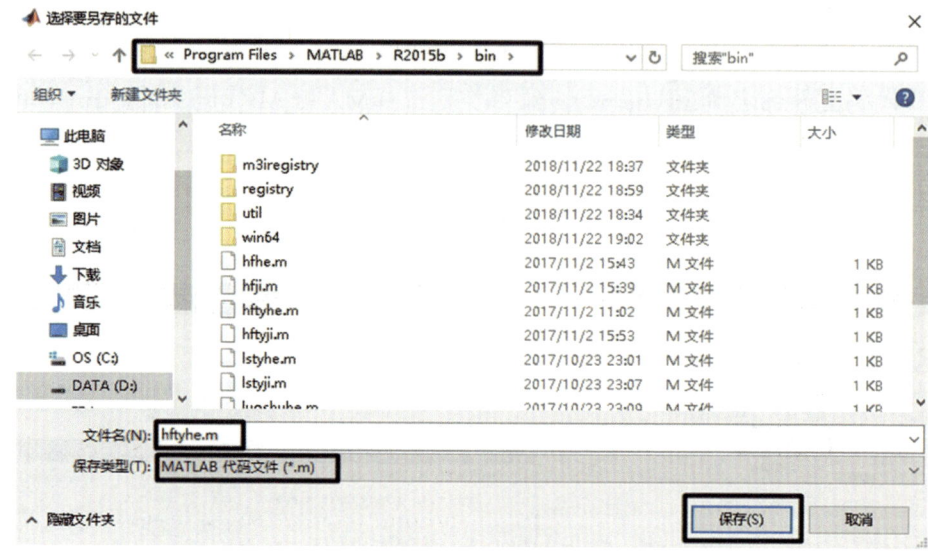

图10-13　保存代码（2）

等差跳跃幻方运算代码文件保存在MATLAB软件的bin文件夹中后，代码文件就会自动出现在MATLAB软件打开界面左侧的"当前文件夹"中，如图10-14所示（以任意阶等差跳跃幻方运算代码为例）。

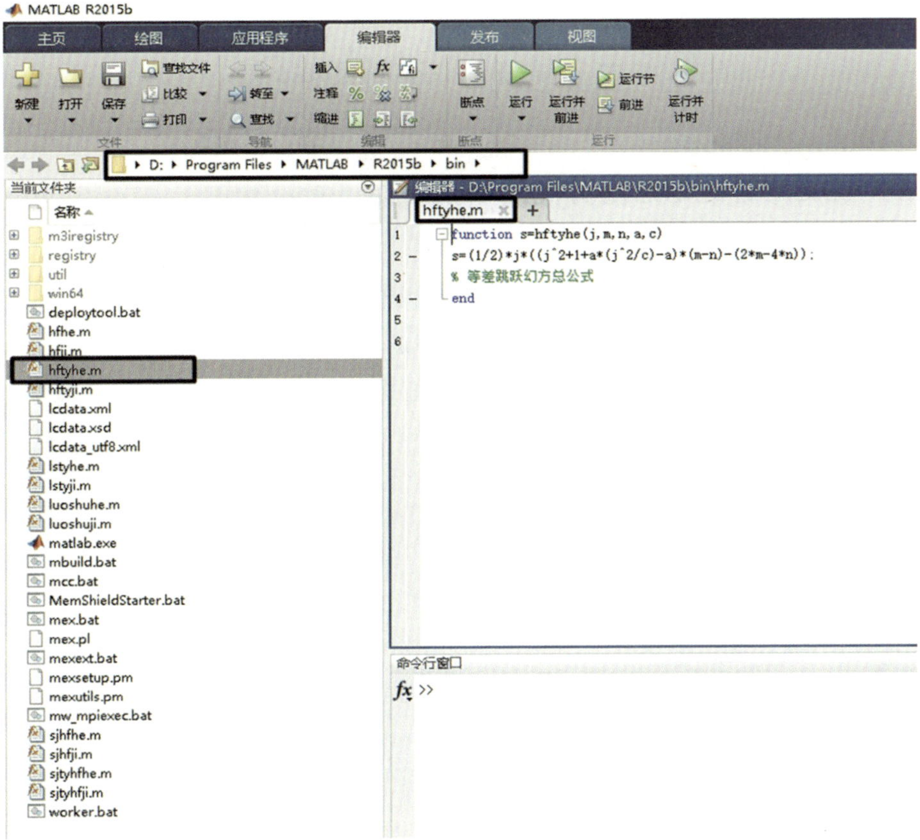

第 10 章 幻方运算代码编程

图10-14 保存的代码文件显示在软件界面左侧

以上就是三阶等差跳跃幻方运算代码和任意阶等差跳跃幻方运算代码的编程步骤和保存方法。

只要按照公式来简化，可以单独生成四阶等差跳跃幻方、五阶等差跳跃幻方……N阶等差跳跃幻方的单独运算代码，编程原理跟三阶等差跳跃幻方运算代码编程原理一样，只需要在代码里调换下对应的公式即可。

10.3 等比幻方运算代码编程

　　三阶等比幻方运算代码编程的步骤：打开MATLAB软件，单击软件左上方的"新建"按钮，在下拉菜单中选中"脚本"，如图10-15所示；在新建的编辑器里编写三阶等比幻方运算代码，如图10-16所示。

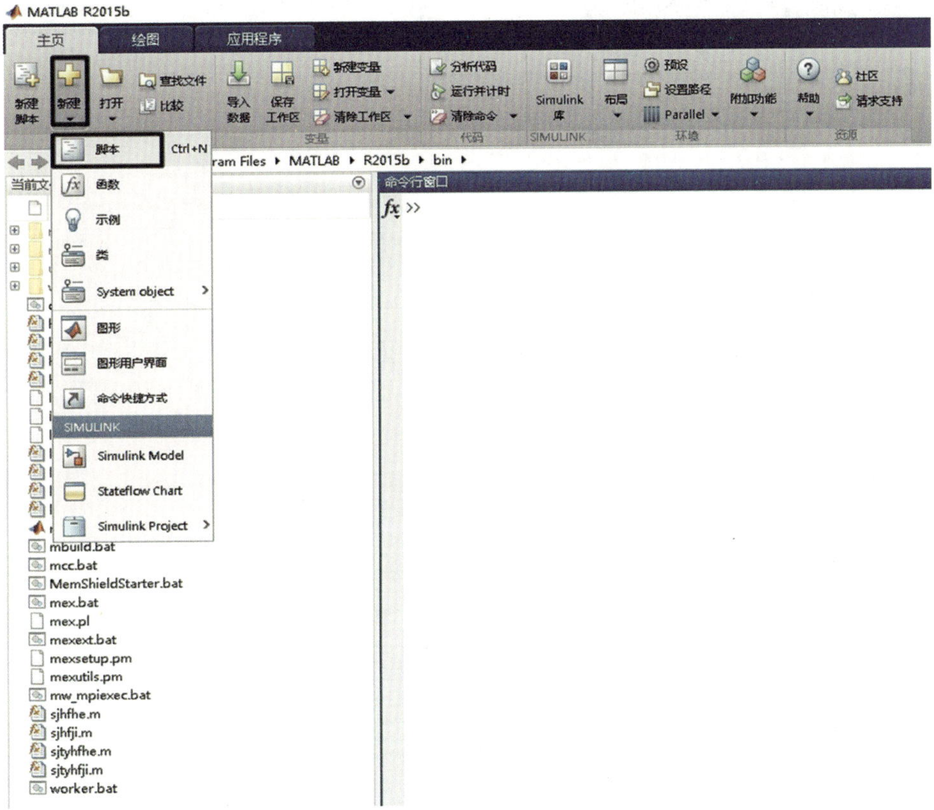
MATLAB R2015b
主页
绘图
应用程序
新建脚本
新建
打开
查找文件
比较
导入数据
保存工作区
新建变量
打开变量
清除工作区
变量
分析代码
运行并计时
清除命令
代码
Simulink 库
SIMULINK
布局
预设
设置路径
Parallel
环境
附加功能
帮助
社区
请求支持
资源
脚本
Ctrl+N
函数
示例
类
System object
图形
图形用户界面
命令快捷方式
SIMULINK
Simulink Model
Stateflow Chart
Simulink Project
ram Files ▸ MATLAB ▸ R2015b ▸ bin ▸
命令行窗口
mbuild.bat
mcc.bat
MemShieldStarter.bat
mex.bat
mex.pl
mexext.bat
mexsetup.pm
mexutils.pm
mw_mpiexec.bat
sjhfhe.m
sjhfji.m
sjtyhfhe.m
sjtyhfji.m
worker.bat

图10-15　新建脚本

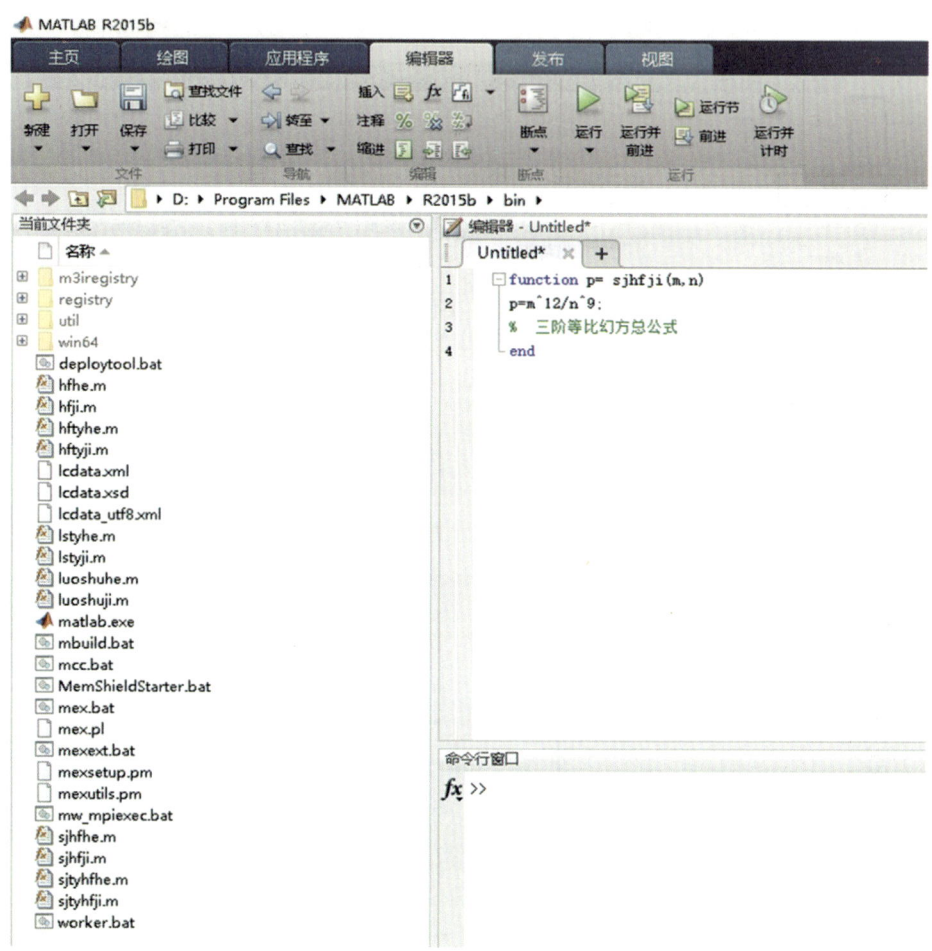

图10-16　三阶等比幻方运算代码

第 10 章　幻方运算代码编程

任意阶等比幻方运算代码编程的步骤：打开MATLAB软件，单击软件左上方的"新建"按钮，在下拉菜单中选中"脚本"，如图10-17所示；在新建的编辑器里编写等比幻方运算代码，如图10-18所示。

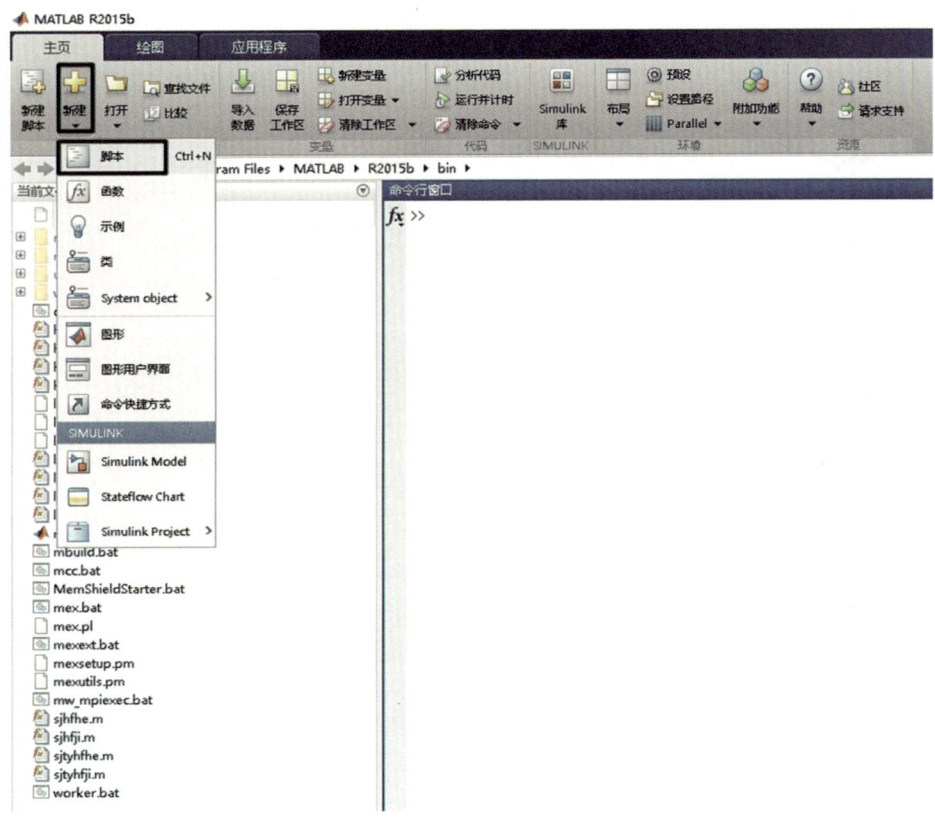

图10-17　新建脚本

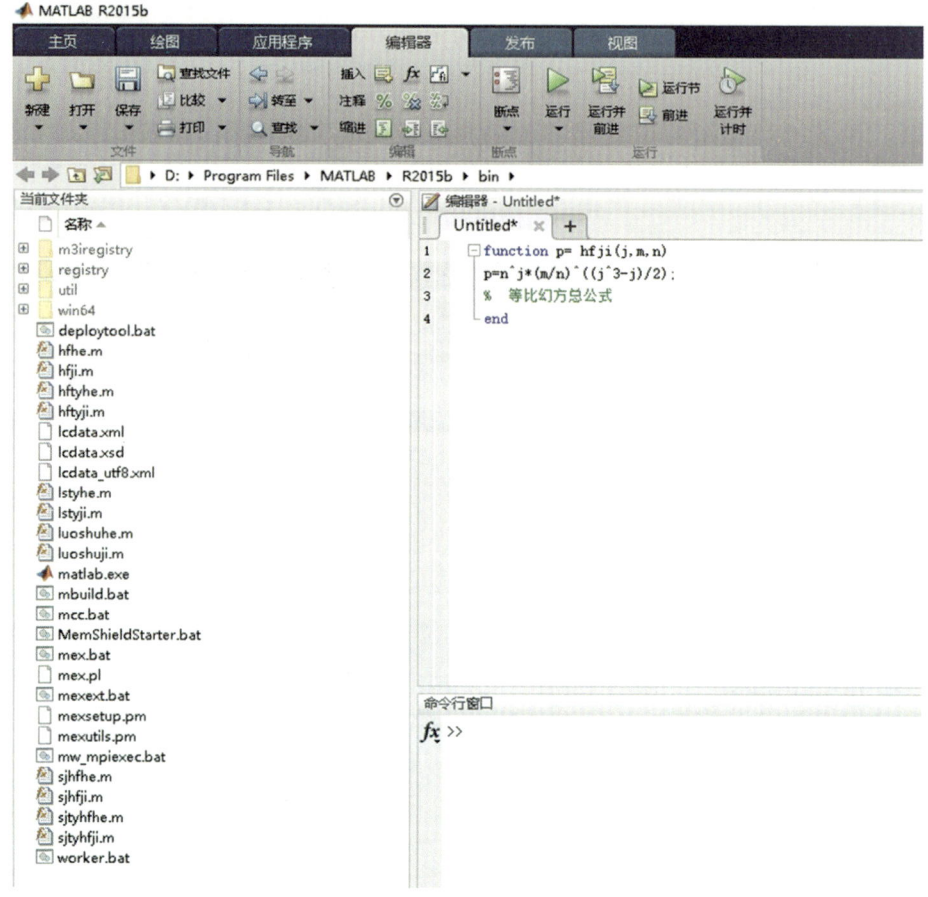

图10-18　等比幻方运算代码

  三阶等比幻方运算代码和任意阶等比幻方运算代码保存的方法相同：等比幻方运算代码编写完成后，单击MATLAB软件左上方的"保存"按钮，在下拉菜单中选中"另存为"，如图10-19所示（以任意阶等比幻方运算代码为例）；在计算机的文件路径界面选择保存代码的路径，电脑

第 10 章　幻方运算代码编程

默认的保存路径是MATLAB软件的bin文件夹；将三阶等比幻方运算代码文件命名为sjhfji.m（任意阶等比幻方运算代码文件命名为hfji.m），保存类型选择MATLAB代码文件(*.m)，单击鼠标左键，选中"保存"，如图10-20所示（以任意阶等比幻方运算代码为例）。

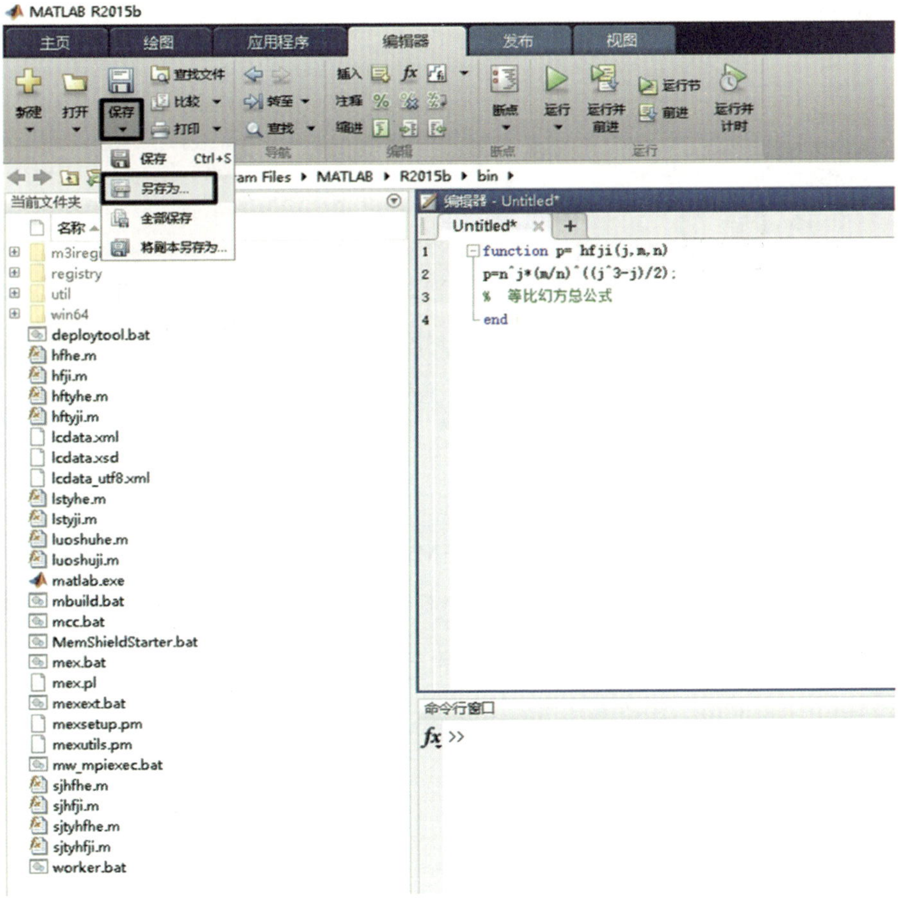

图10-19　保存代码（1）

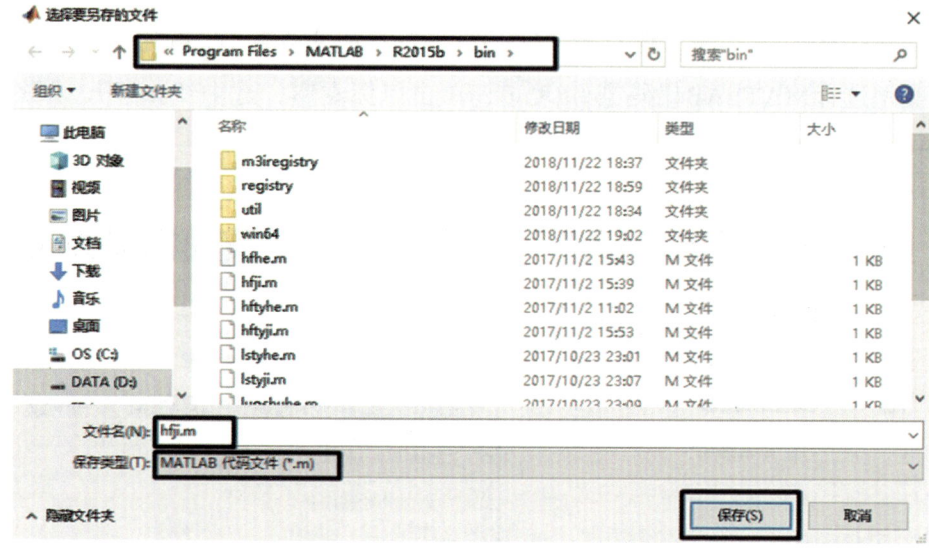

图10-20　保存代码（2）

将等比幻方运算代码文件保存在MATLAB软件的bin文件夹中后，代码文件就会自动出现在MATLAB软件打开界面左侧的"当前文件夹"中，如图10-21所示（以任意阶等比幻方运算代码为例）。

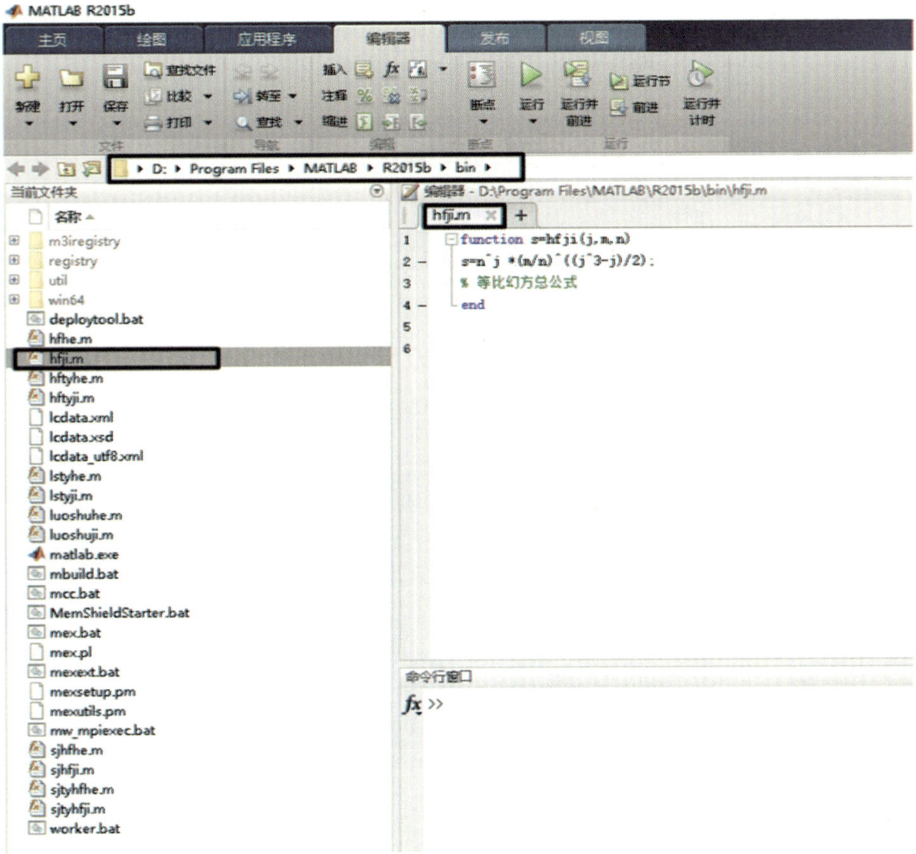

第 10 章　幻方运算代码编程

图10-21　保存的代码文件显示在软件界面左侧

以上就是三阶等比幻方运算代码和任意阶等比幻方运算代码的编程步骤和保存方法。

只要按照公式来简化，可以单独生成四阶等比幻方、五阶等比幻方……N阶等比幻方的单独运算代码，编程原理跟三阶等比幻方运算代

– 077 –

码编程原理一样，只需要在代码里调换下对应的公式即可。

10.4 等比跳跃幻方运算代码编程

三阶等比跳跃幻方运算代码编程的步骤：打开MATLAB软件，单击软件左上方的"新建"按钮，在下拉菜单中选中"脚本"，如图10-22所示；在新建的编辑器里编写三阶等比幻方运算代码，如图10-23所示。

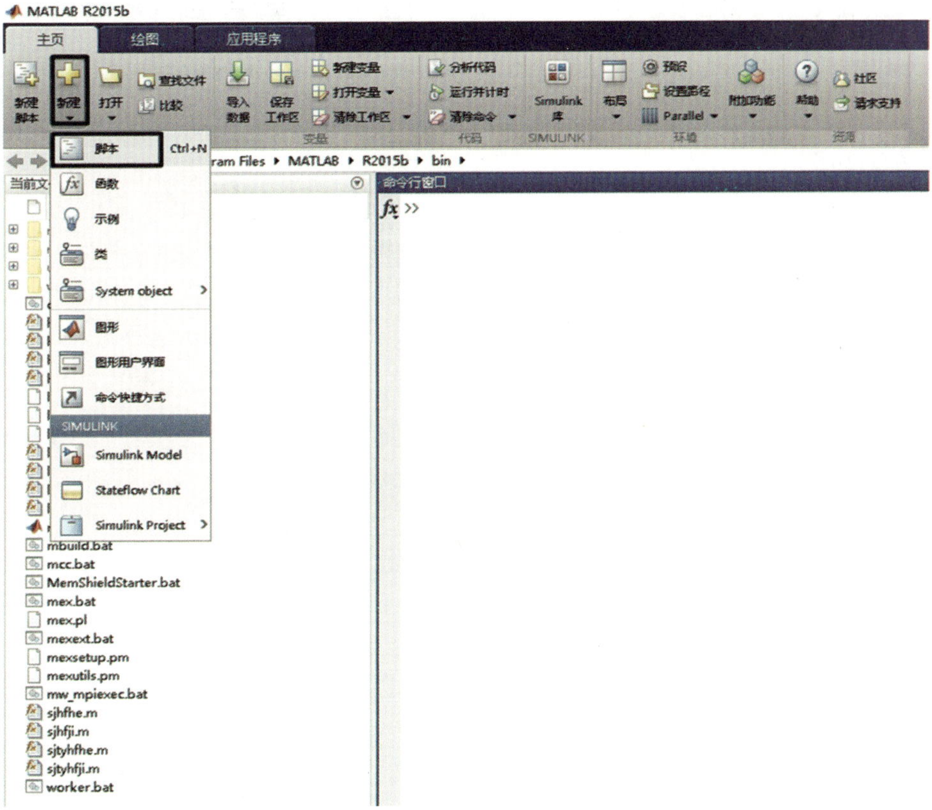
MATLAB R2015b
主页
绘图
应用程序
新建脚本
新建
打开
查找文件
比较
导入数据
保存工作区
新建变量
打开变量
清除工作区
变量
分析代码
运行并计时
清除命令
代码
Simulink库
SIMULINK
布局
预设
设置路径
Parallel
环境
附加功能
帮助
社区
请求支持
资源
脚本
Ctrl+N
函数
示例
类
System object
图形
图形用户界面
命令快捷方式
SIMULINK
Simulink Model
Stateflow Chart
Simulink Project
ram Files ▸ MATLAB ▸ R2015b ▸ bin ▸
当前文
命令行窗口
fx >>
mbuild.bat
mcc.bat
MemShieldStarter.bat
mex.bat
mex.pl
mexext.bat
mexsetup.pm
mexutils.pm
mw_mpiexec.bat
sjhfhe.m
sjhfji.m
sjtyhfhe.m
sjtyhfji.m
worker.bat

图10-22　新建脚本

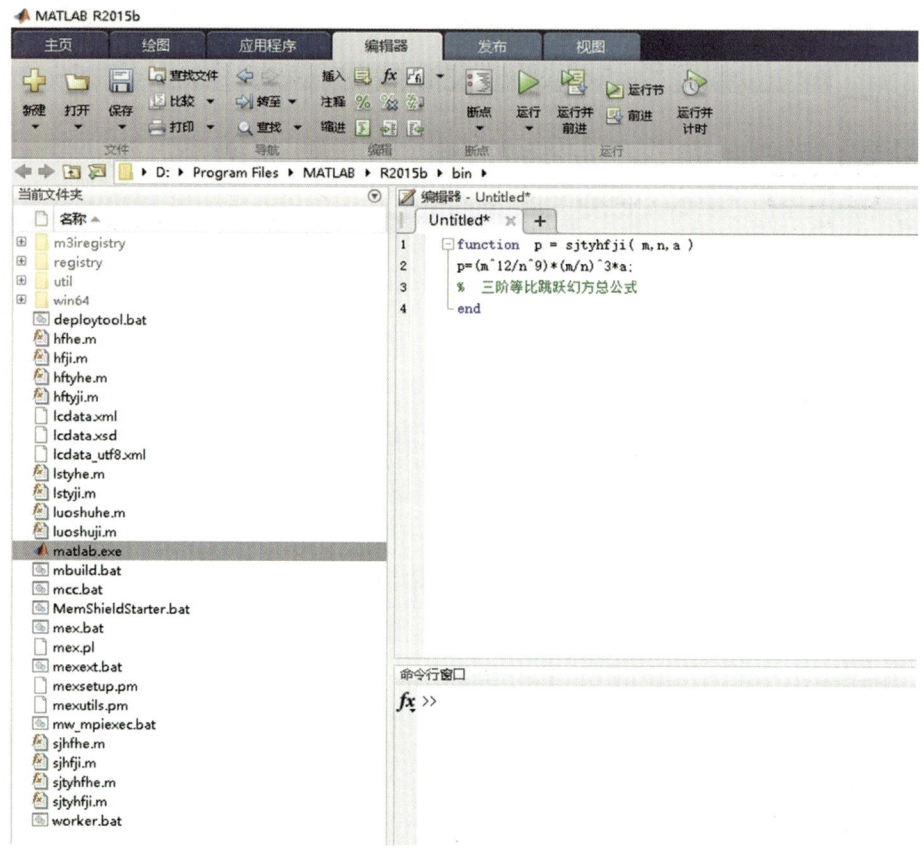

图10-23 三阶等比跳跃幻方运算代码

第 10 章　幻方运算代码编程

任意阶等比跳跃幻方运算代码编程的步骤：打开MATLAB软件，单击软件左上方的"新建"按钮，在下拉菜单中选中"脚本"，如图10-24所示；在新建的编辑器里编写等比幻方运算代码，如图10-25所示。

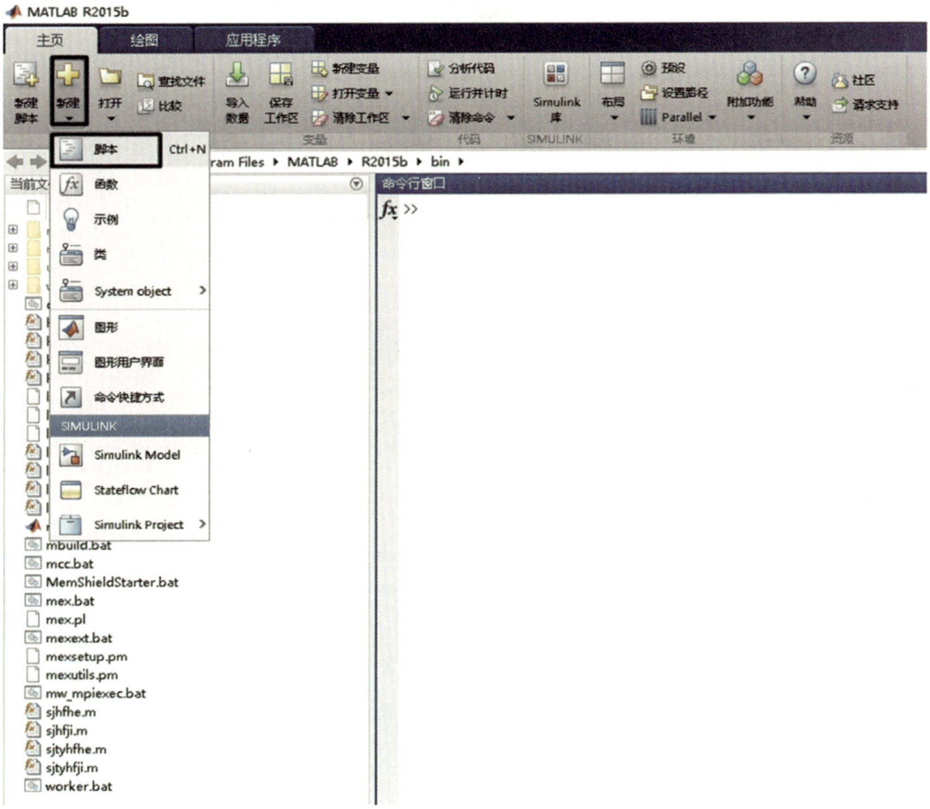

图10-24　新建脚本

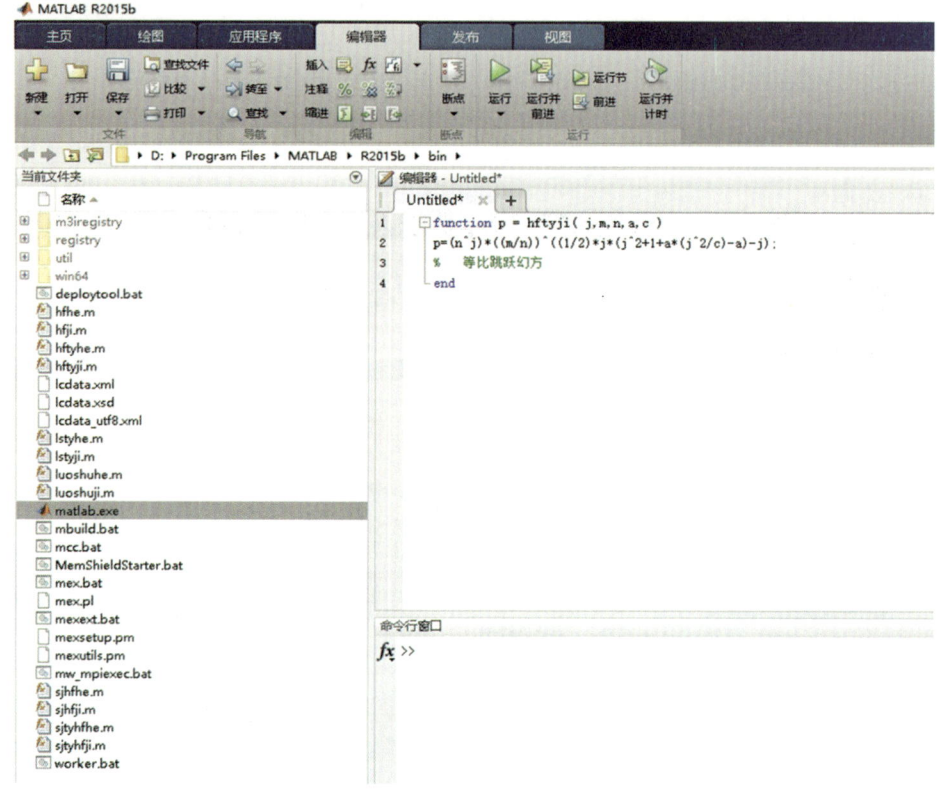

图10-25　等比跳跃幻方运算代码

　　三阶等比跳跃幻方和任意阶等比跳跃幻方运算代码保存的方法相同：等比跳跃幻方运算代码编写完成后，单击MATLAB软件左上方的"保存"按钮，在下拉菜单中选中"另存为"，如图10-26所示（以任意阶等比跳跃幻方运算代码为例）；在计算机的文件路径界面保存代码的路径，电脑默认的保存路径是MATLAB软件的bin文件夹；将三阶等比跳跃幻方运算代码文件命名为sjtyhfji.m（任意阶等比跳跃幻方运算代码文件命名为hftyji.m），保存类型选择MATLAB代码文件(*.m)，单击鼠标左键，选中"保存"，如图10-27所示（以任意阶等比跳跃幻方运算代码为例）。

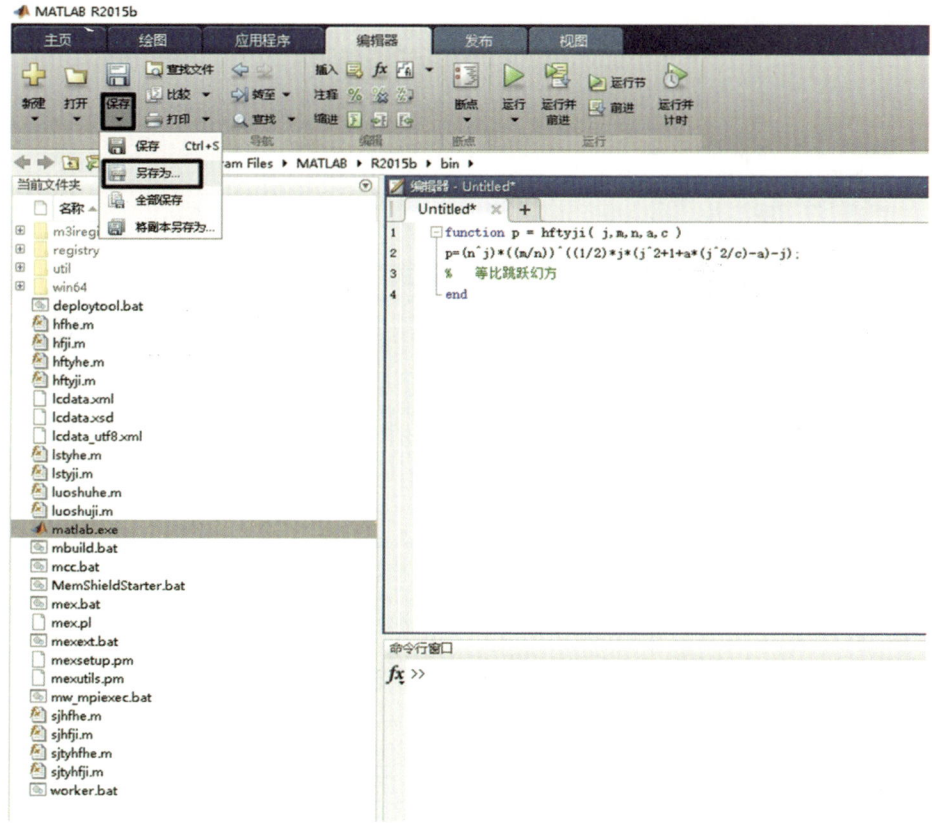

图10-26　保存代码（1）

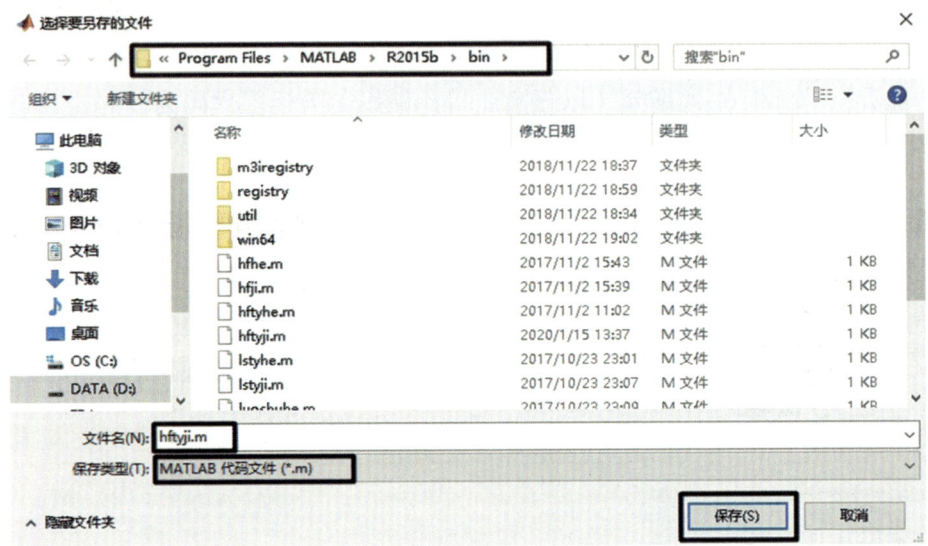

图10-27　保存代码（2）

将等比跳跃幻方运算代码文件保存在MATLAB软件的bin文件夹中后，代码文件就会自动出现在MATLAB软件打开界面左侧的"当前文件夹"中，如图10-28所示（以任意阶等比跳跃幻方运算代码为例）。

第 10 章 幻方运算代码编程

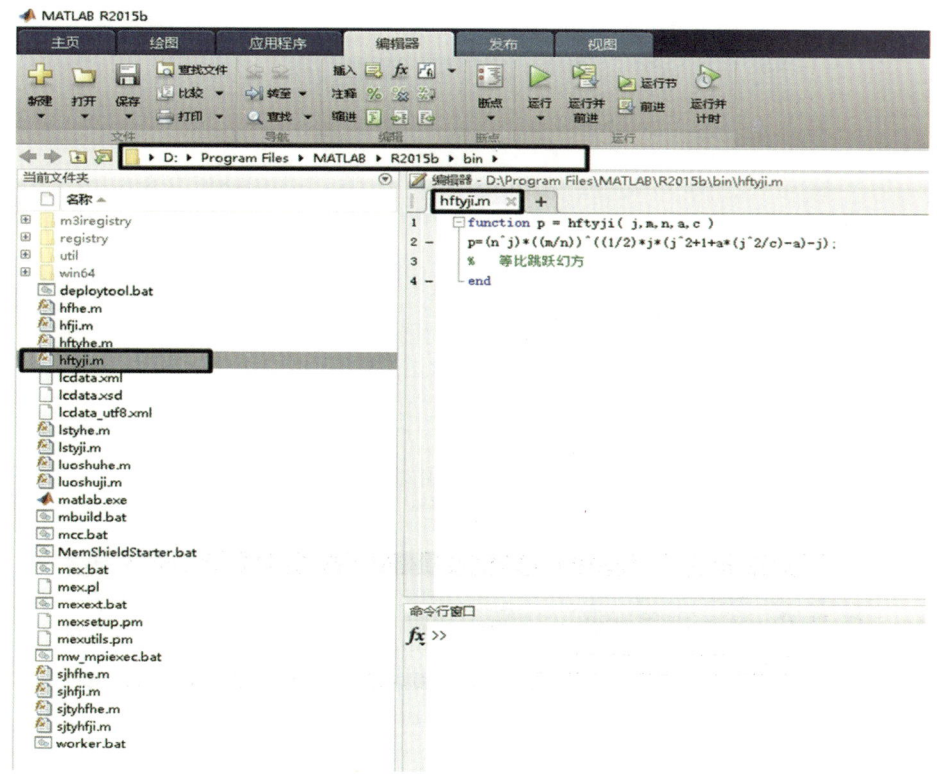

图10-28 保存的代码文件显示在软件界面左侧

以上就是三阶等比跳跃幻方运算代码和任意阶等比跳跃幻方运算代码的编程步骤和保存方法。

只要按照公式来简化，可以单独生成四阶等比跳跃幻方、五阶等比跳跃幻方……N阶等比跳跃幻方的单独运算代码，编程原理跟三阶等比跳跃幻方运算代码编程原理一样，只需要在代码里调换下对应的公式即可，不再赘述。

第 11 章 幻方运算代码使用实战

11.1 等差幻方运算实战

打开MATLAB软件，把本书第10章中制作的三阶和任意阶等差幻方运算代码文件保存在MATLAB安装路径的bin文件夹中，如图11-1所示。

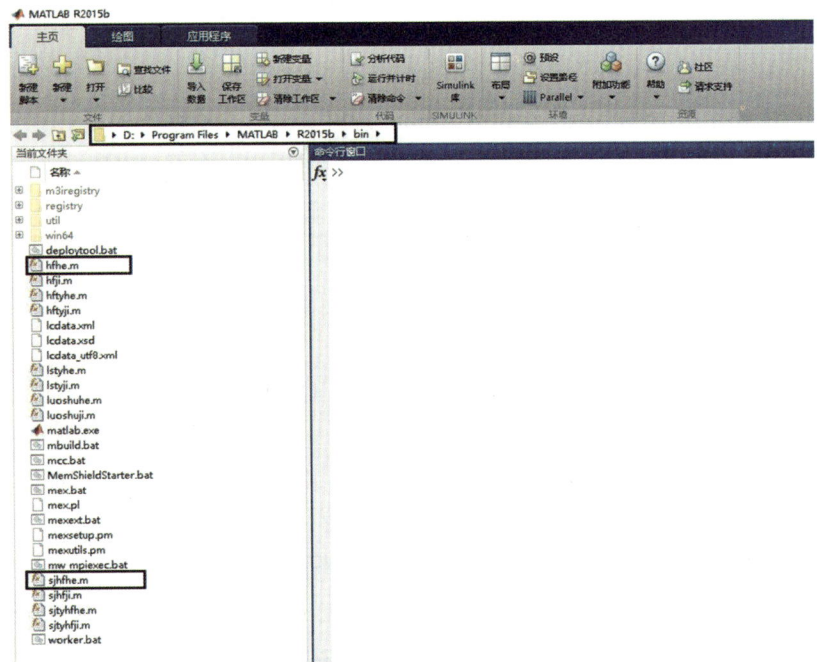

图11-1 等差幻方运算代码文件的保存位置图

第 11 章 幻方运算代码使用实战

打开图11-1左侧的三阶等差幻方运算代码文件sjhfhe.m，在命令行窗口输入三阶等差幻方运算的命令，图11-2和图11-3是三阶等差幻方运算命令的两种不同的写法，即带S=的命令和不带S=的命令，两种命令都能正确计算出等差幻方的幻和，选择其中一种写法即可。

图11-2　带S=命令的三阶等差幻方的幻和

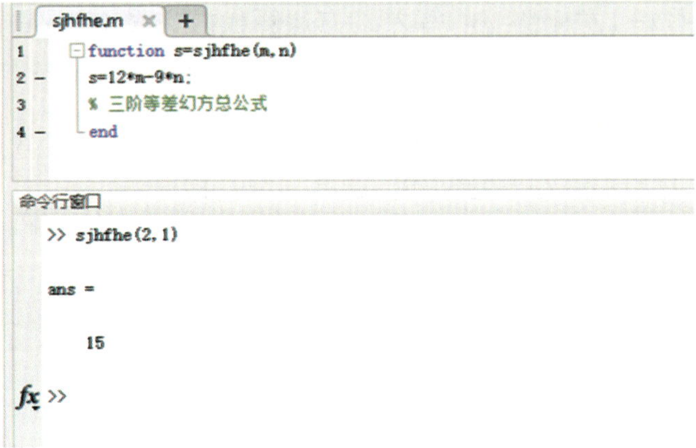

图11-3　不带S=命令的三阶等差幻方的幻和

在命令行窗口计算几个不同类型的三阶等差幻方的幻和。

在命令行窗口输入sjhfhe(5,2)，然后按Enter键，即可得到 m 等于5、n 等于2的三阶等差幻方的幻和，如图11-4所示。

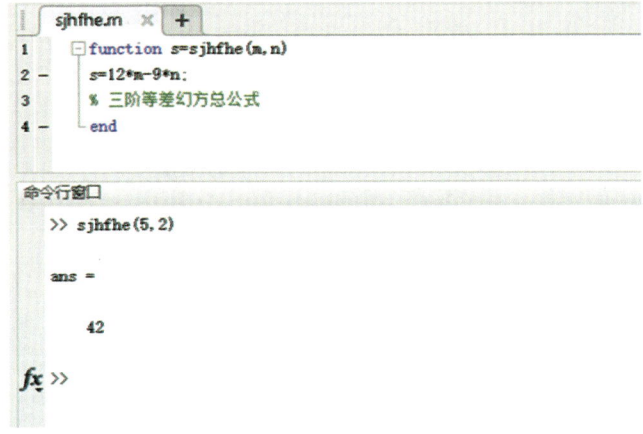

图11-4　m 等于5、n 等于2的三阶等差幻方的幻和

在命令行窗口输入sjhfhe(100,62)，然后按Enter键，即可得到 m 等于100、n 等于62的三阶等差幻方的幻和，如图11-5所示。

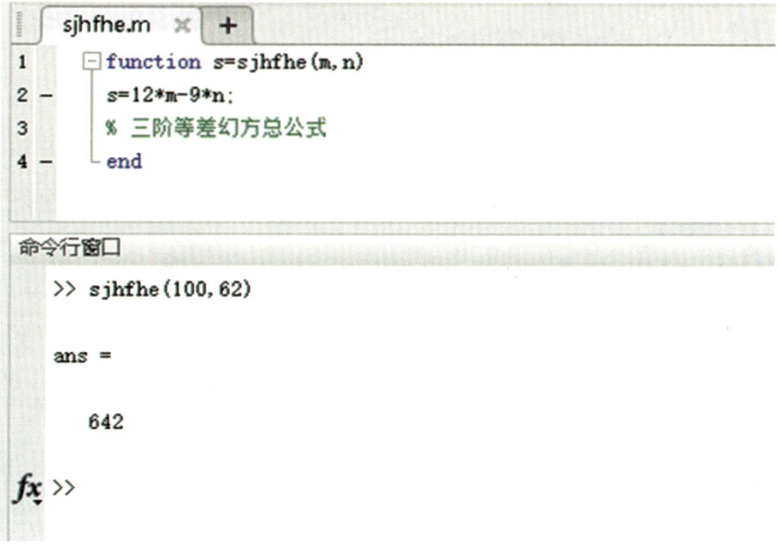

图11-5 m等于100、n等于62的三阶等差幻方的幻和

在命令行窗口输入sjhfhe(8276,182)，然后按Enter键，即可得到 m 等于8276、n 等于182的三阶等差幻方的幻和，如图11-6所示。

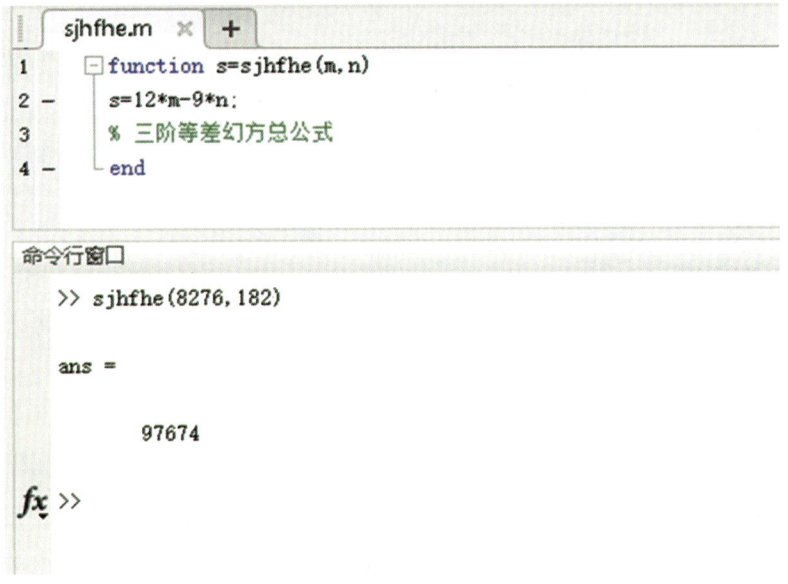

图11-6　m等于8276、n等于182的三阶等差幻方的幻和

第 11 章 幻方运算代码使用实战

任意阶等差幻方幻和的计算方法：打开图11-1左侧的任意阶等差幻方运算代码文件hfhe.m，在命令行窗口输入S=hfhe(3,2,1)，然后按Enter键，即可得到带S=命令的、等差数为1的三阶等差幻方的幻和，如图11-7所示。

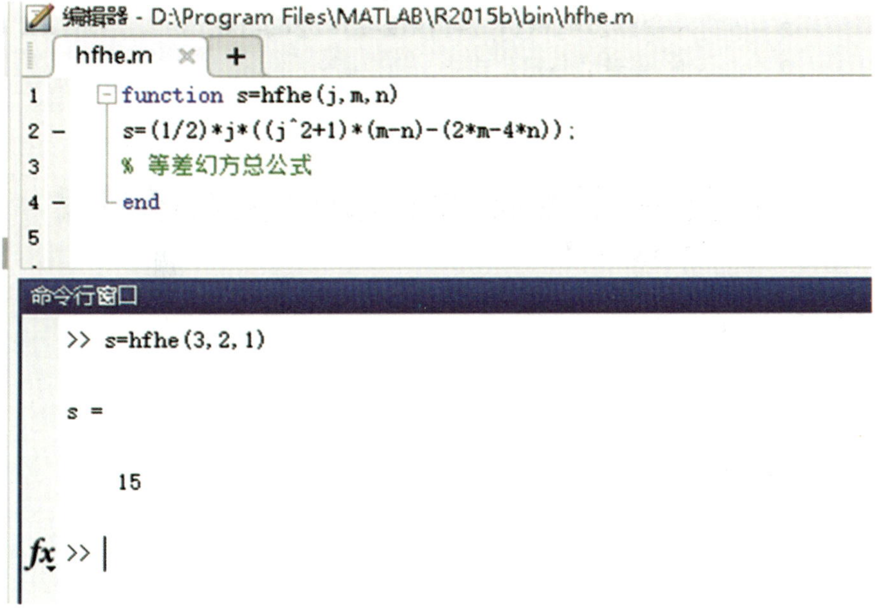

图11-7　带S=命令的、等差数为1的三阶等差幻方的幻和

在命令行窗口输入hfhe(3,2,1)，然后按Enter键，即可得到不带$S=$命令的、等差数为1的三阶等差幻方的幻和，如图11-8所示。

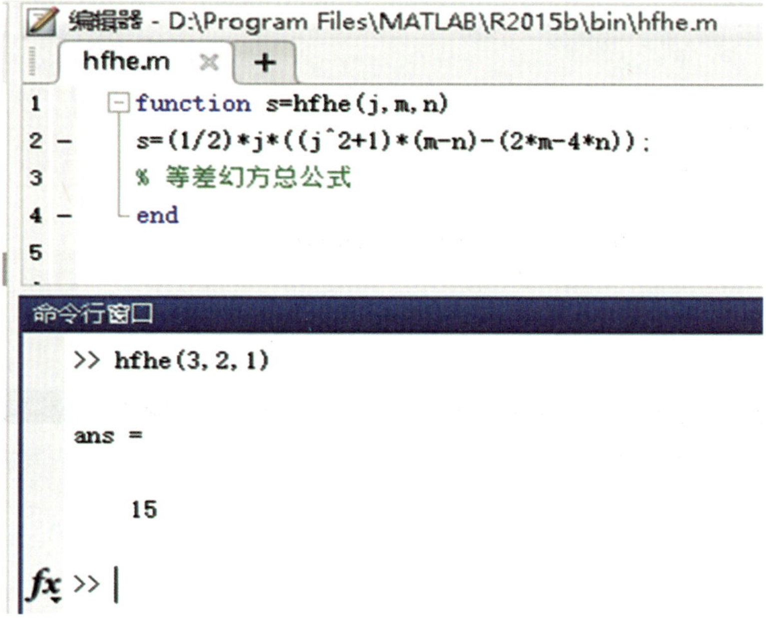
编辑器 - D:\Program Files\MATLAB\R2015b\bin\hfhe.m
hfhe.m
+
function s=hfhe(j,m,n)
s=(1/2)*j*((j^2+1)*(m-n)-(2*m-4*n));
% 等差幻方总公式
end
命令行窗口
>> hfhe(3,2,1)
ans =
15
fx >>

图11-8　不带$S=$命令的、等差数为1的三阶等差幻方的幻和

在命令行窗口输入hfhe(4,2,1)，然后按Enter键，即可得到等差数为1的四阶等差幻方的幻和，如图11-9所示。

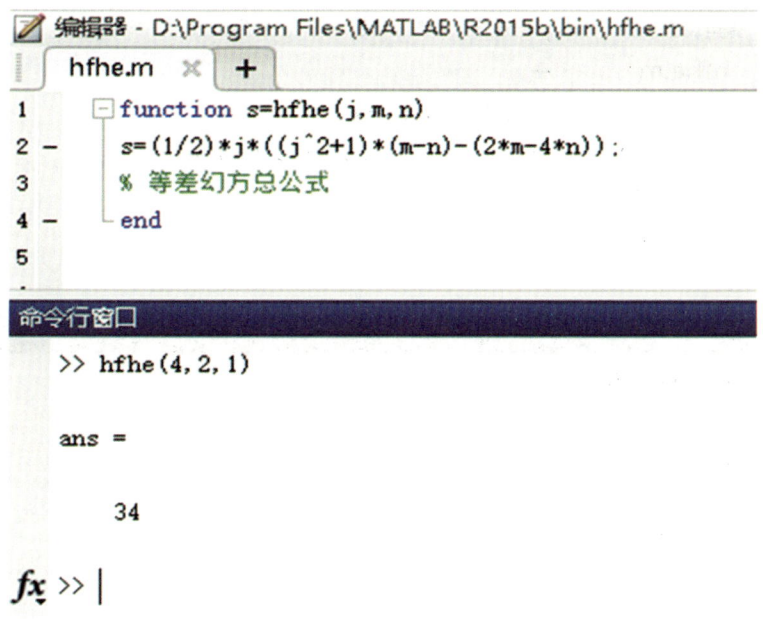

图11-9　等差数为1的四阶等差幻方的幻和

在命令行窗口输入hfhe(5,2,1)，然后按Enter键，即可得到等差数为1的五阶等差幻方的幻和，如图11-10所示。

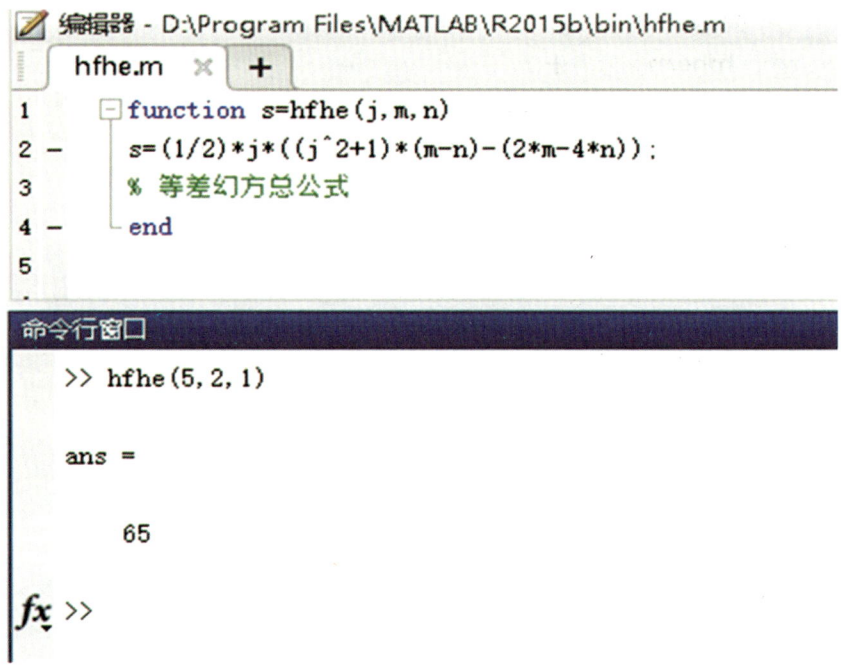

图11-10　等差数为1的五阶等差幻方的幻和

在命令行窗口输入hfhe(6,2,1)，然后按Enter键，即可得到等差数为1的六阶等差幻方的幻和，如图11-11所示。

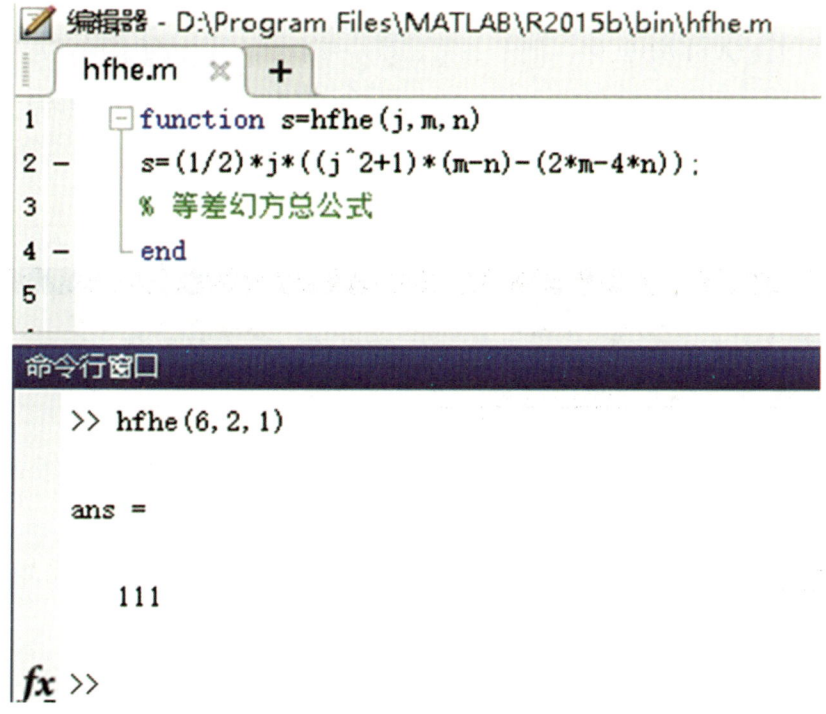

图11-11　等差数为1的六阶等差幻方的幻和

由上面可以看出，利用编写的等差幻方运算代码函数可以快速计算出不同幻方阶数、不同起步数和不同等差数的等差幻方的幻和。

11.2　等差跳跃幻方运算实战

打开MATLAB软件，把本书第10章中制作的三阶和任意阶等差跳跃幻方运算代码文件保存在MATLAB安装路径的bin文件夹中，如图11-12所示。

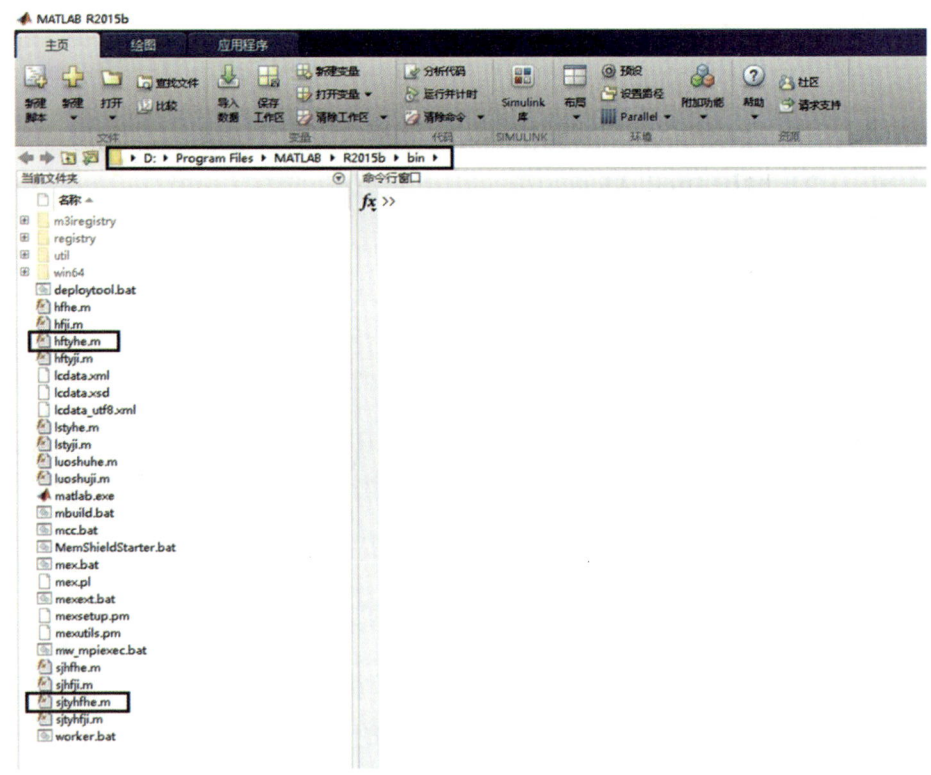

图11-12　等差跳跃幻方运算代码文件的保存位置图

第 11 章　幻方运算代码使用实战

　　打开图11-12左侧的三阶等差跳跃幻方运算代码文件sjtyhfhe.m，在命令行窗口输入三阶等差跳跃幻方运算的命令，图11-13和图11-14所示为三阶等差跳跃幻方运算命令的两种不同的写法，这两种命令都能正确计算出等差跳跃幻方的幻和，选择其中一种写法即可。

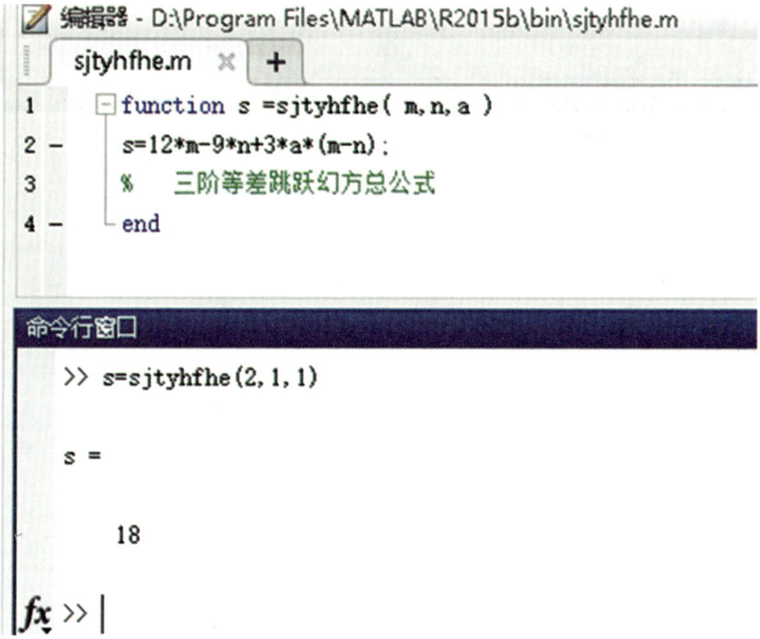

图11-13　带S=命令的三阶等差跳跃幻方的幻和

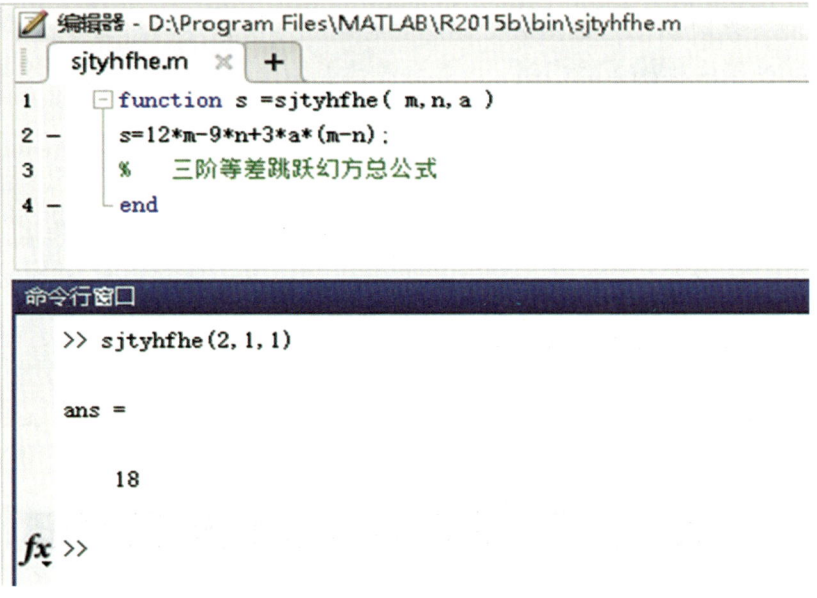

图11-14　不带S=命令的三阶等差跳跃幻方的幻和

在命令行窗口计算几个不同类型的三阶等差跳跃幻方的幻和。

在命令行窗口输入sjtyhfhe(3,1,2),然后按Enter键,即可得到等差数为2、跳跃次数为2的三阶等差跳跃幻方的幻和,如图11-15所示。

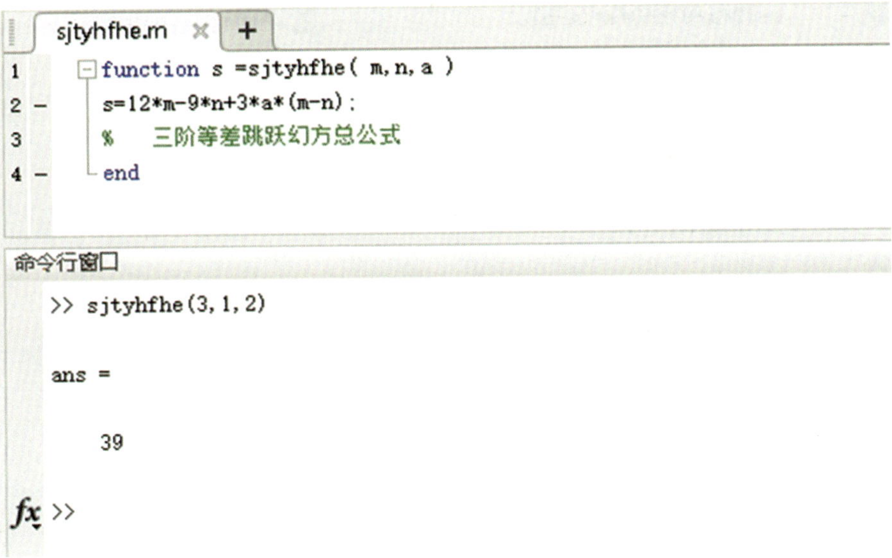

图11-15 等差数为2、跳跃次数为2的三阶等差跳跃幻方的幻和

在命令行窗口输入sjtyhfhe(9,3,5),然后按Enter键,即可得到等差数为6、跳跃次数为5的三阶等差跳跃幻方的幻和,如图11-16所示。

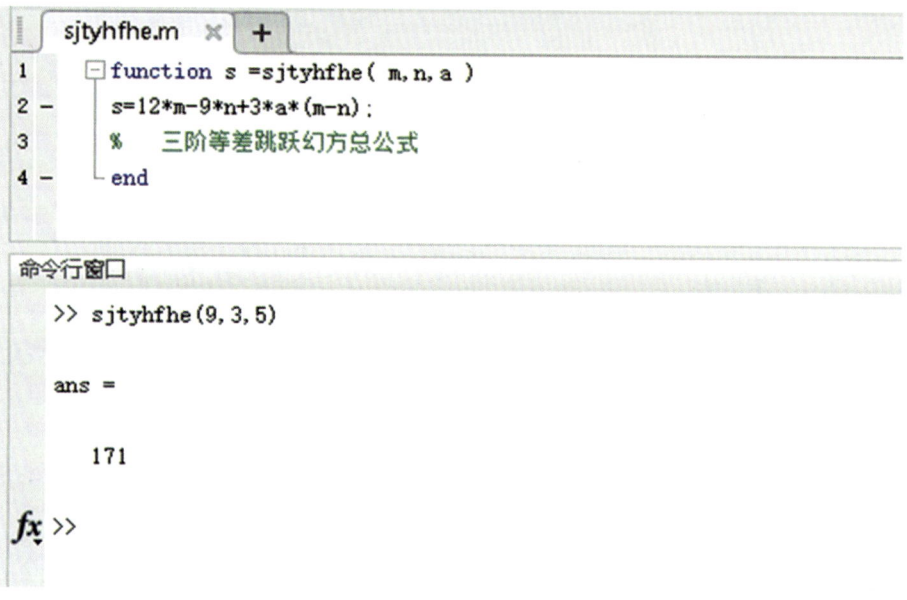

图11-16　等差数为6、跳跃次数为5的三阶等差跳跃幻方的幻和

在命令行窗口输入sjtyhfhe(872,120,62)，然后按Enter键，即可得到等差数为752、跳跃次数为62的三阶等差跳跃幻方的幻和，如图11-17所示。

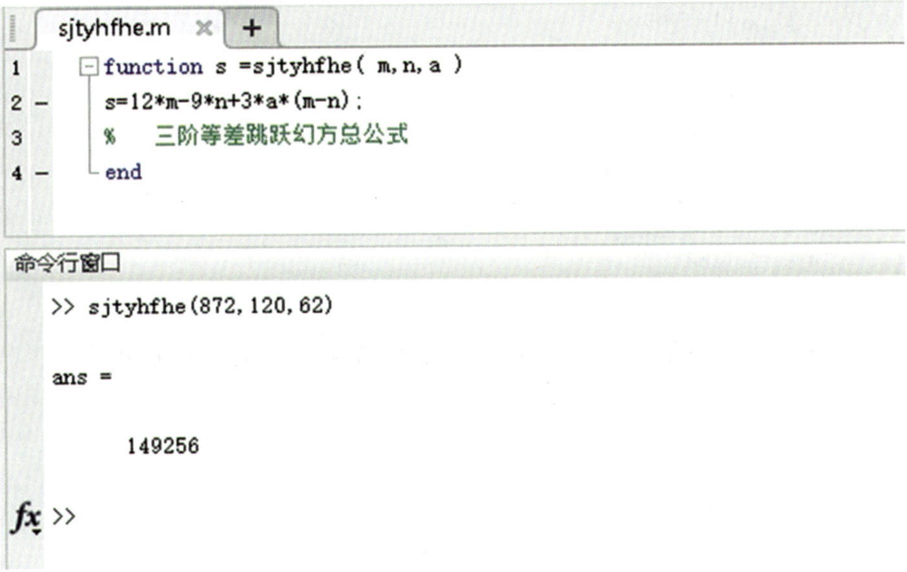

```
sjtyhfhe.m
1  function s =sjtyhfhe( m,n,a )
2  s=12*m-9*n+3*a*(m-n);
3  %    三阶等差跳跃幻方总公式
4  end
```

命令行窗口

```
>> sjtyhfhe(872,120,62)

ans =

    149256

fx >>
```

图11-17　等差数为752、跳跃次数为62的三阶等差跳跃幻方的幻和

任意阶等差跳跃幻方幻和的计算方法：打开图 11-12 左侧的任意阶等差跳跃幻方运算代码文件 hftyhe.m，在命令行窗口输入 S=hftyhe(3,2,1,1,3)，然后按 Enter 键，即可得到带 S= 命令的等差跳跃幻方的幻和，如图 11-18 所示。

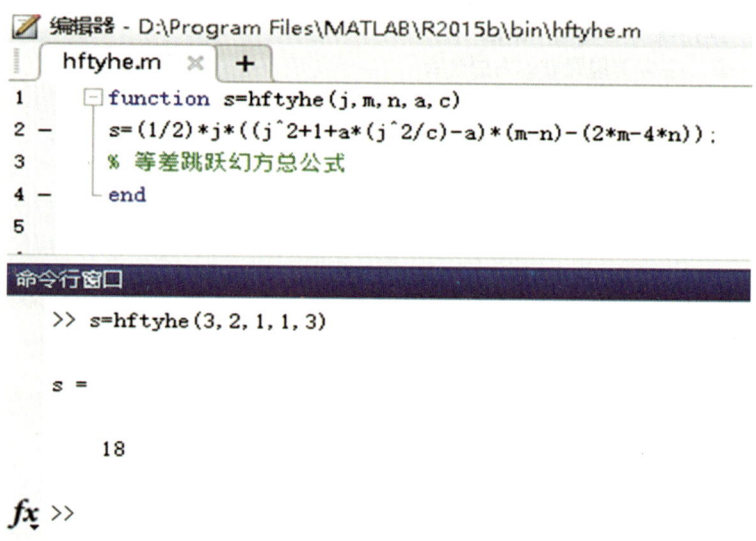

图 11-18　带 S= 命令的等差跳跃幻方的幻和

第 11 章 幻方运算代码使用实战

在命令行窗口输入hftyhe(3,2,1,1,3),然后按Enter键,即可得到不带S=命令的等差跳跃幻方的幻和,如图11-19所示。

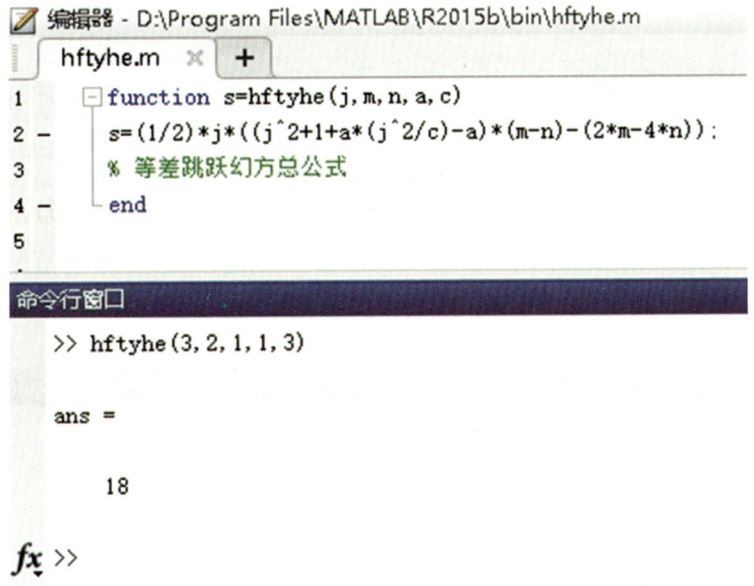

图11-19 不带S=命令的等差跳跃幻方的幻和

在命令行窗口输入hftyhe(4,2,1,1,4),然后按Enter键,即可得到等差数为1、跳跃次数为1、跳跃常数为4的四阶等差幻方的幻和,如图11-20所示。

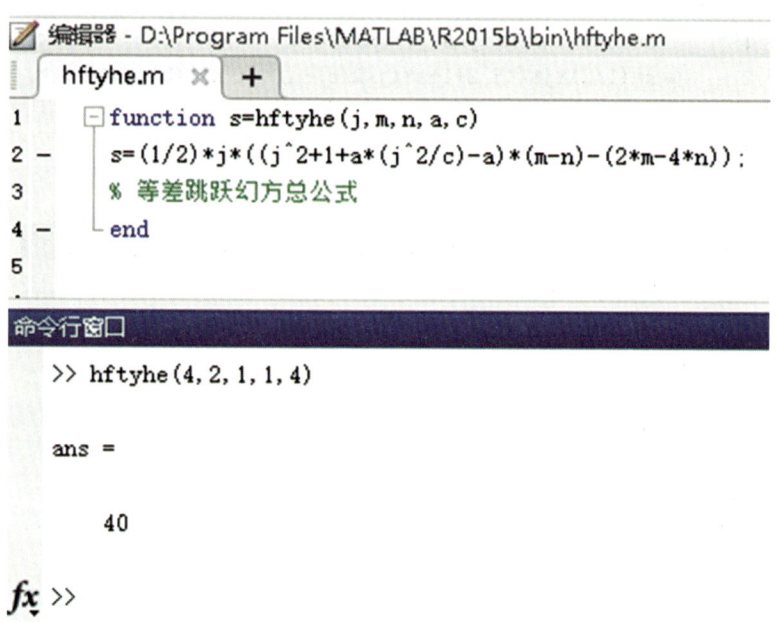

图11-20　等差数为1、跳跃次数为1、跳跃常数为4的四阶等差幻方的幻和

在命令行窗口输入hftyhe(5,3,1,6,5)，然后按Enter键，即可得到等差数为2、跳跃次数为6、跳跃常数为5的五阶等差跳跃幻方的幻和，如图11-21所示。

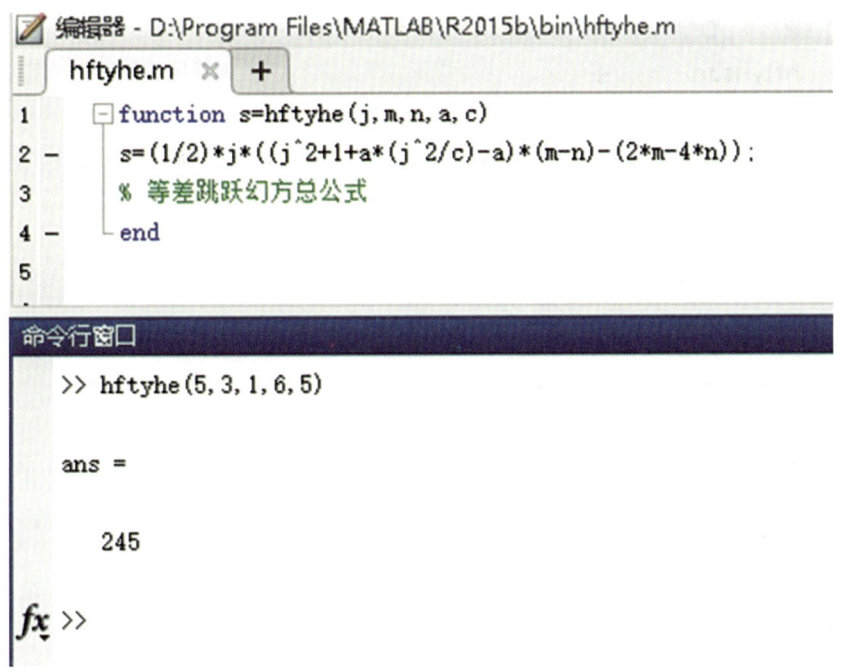

图11-21　等差数为2、跳跃次数为6、跳跃常数为5的
五阶等差跳跃幻方的幻和

在命令行窗口输入hftyhe(7,2,1,1,7),然后按Enter键,即可得到等差数为1、跳跃次数为1、跳跃常数为7的七阶等差跳跃幻方的幻和,如图11-22所示。

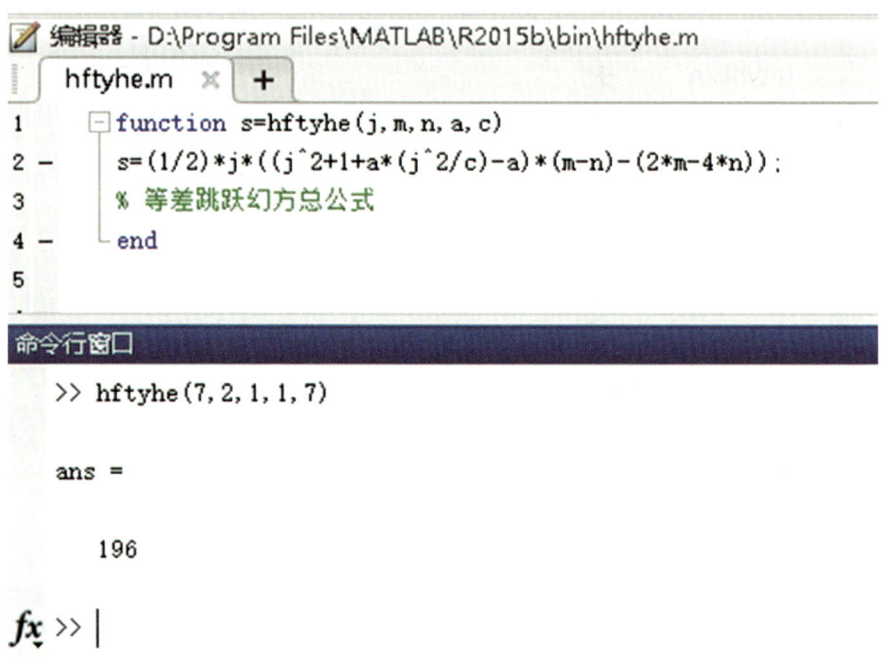

图11-22　等差数为1、跳跃次数为1、跳跃常数为7的
七阶等差跳跃幻方的幻和

利用编写的等差跳跃幻方运算代码函数可以快速计算出不同幻方阶数、不同起步数、不同等差数、不同跳跃次数和不同跳跃常数的等差跳跃幻方的幻和。

11.3 等比幻方运算实战

打开MATLAB软件，把本书第10章中制作的三阶和任意阶等比幻方运算代码文件保存在MATLAB安装路径的bin文件夹中，如图11-23所示。

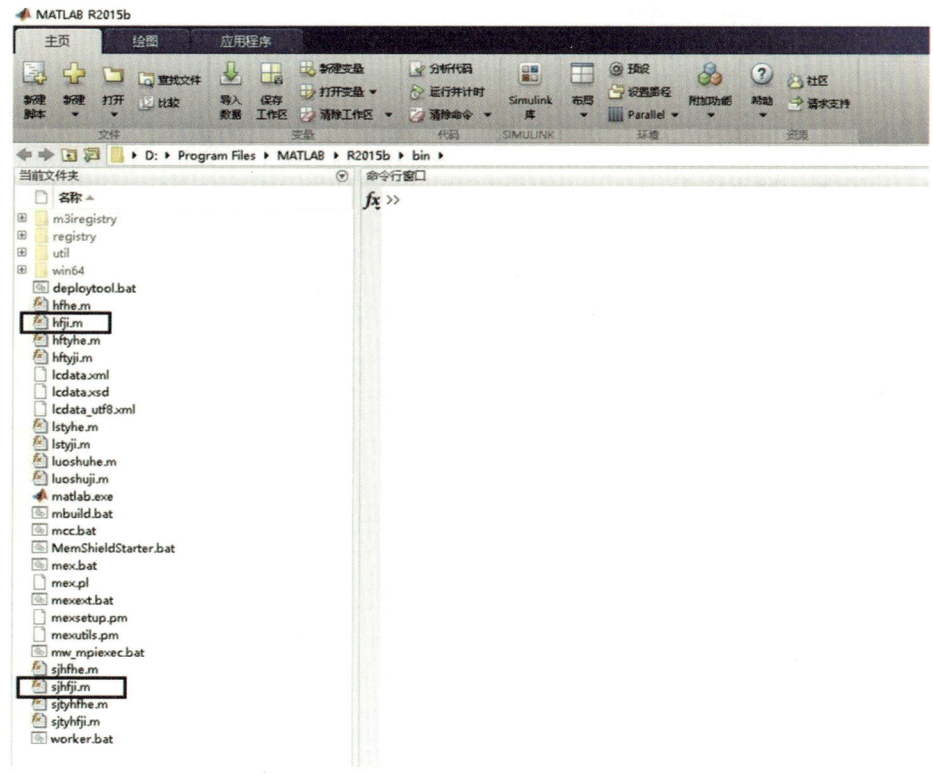

图11-23 幻方运算代码文件的保存位置图

MATLAB之幻方

打开图11-1左侧的三阶等比幻方代码文件sjhfji.m，在命令行窗口输入三阶等比幻方运算的命令，图11-24和图11-25为三阶等比幻方运算命令的两种不同的写法，这两种命令都能正确计算出等比幻方的幻乘积，选择其中一种写法即可。

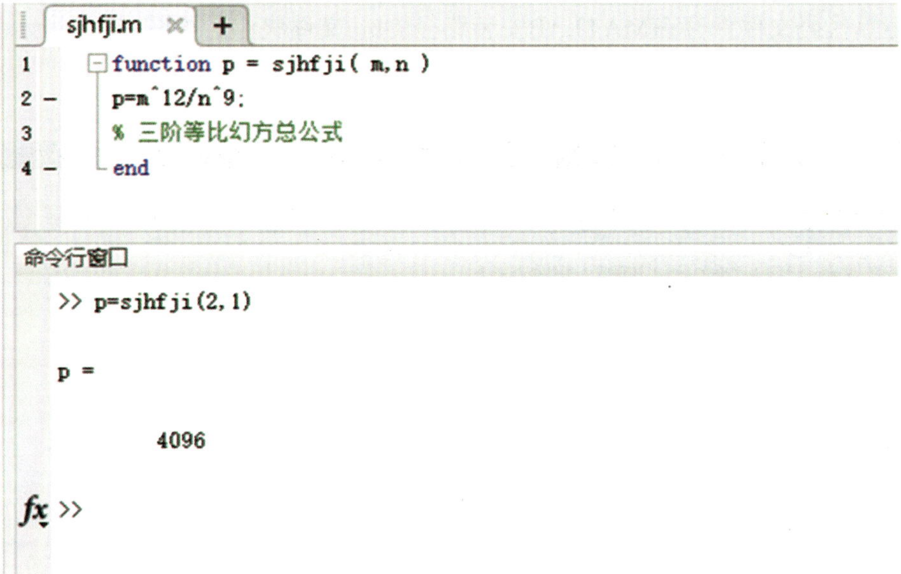

```
sjhfji.m  × +
1   function p = sjhfji( m,n )
2   p=m^12/n^9;
3   % 三阶等比幻方总公式
4   end
```

```
命令行窗口
>> p=sjhfji(2,1)

p =

    4096

fx >>
```

图11-24 带P=命令的三阶等比幻方的幻乘积

第 11 章 幻方运算代码使用实战

```
sjhfji.m
1  function p = sjhfji( m,n )
2    p=m^12/n^9;
3    % 三阶等比幻方总公式
4  end
```

命令行窗口
```
>> sjhfji(2,1)

ans =

    4096

fx >>
```

图11-25　不带P=命令的三阶等比幻方的幻乘积

在命令行窗口计算几个不同类型的三阶等比幻方的幻乘积。

在命令行窗口输入sjhfji(3,1)，然后按Enter键，即可得到 m 等于3、n 等于1的三阶等比幻方的幻乘积，如图11-26所示。

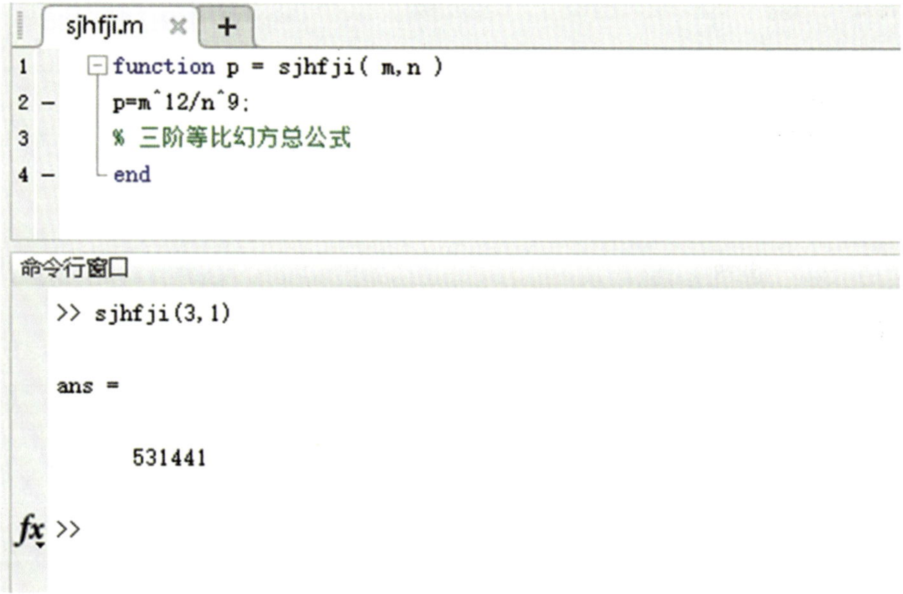
sjhfji.m
function p = sjhfji(m,n)
p=m^12/n^9;
% 三阶等比幻方总公式
end
命令行窗口
>> sjhfji(3,1)
ans =
531441
>>

图11-26　m等于3、n等于1的三阶等比幻方的幻乘积

第 11 章 幻方运算代码使用实战

在命令行窗口输入sjhfji(8,2)，然后按Enter键，即可得到 m 等于8、n 等于2的三阶等比幻方的幻乘积，如图11-27所示。

```
function p = sjhfji( m,n )
p=m^12/n^9;
% 三阶等比幻方总公式
end
```

```
>> sjhfji(8,2)

ans =

   134217728
```

图11-27　m等于8、n等于2的三阶等比幻方的幻乘积

MATLAB 之幻方

在命令行窗口输入sjhfji(18,9)，然后按Enter键，即可得到 m 等于18、n 等于9的三阶等比幻方的幻乘积，如图11-28所示。

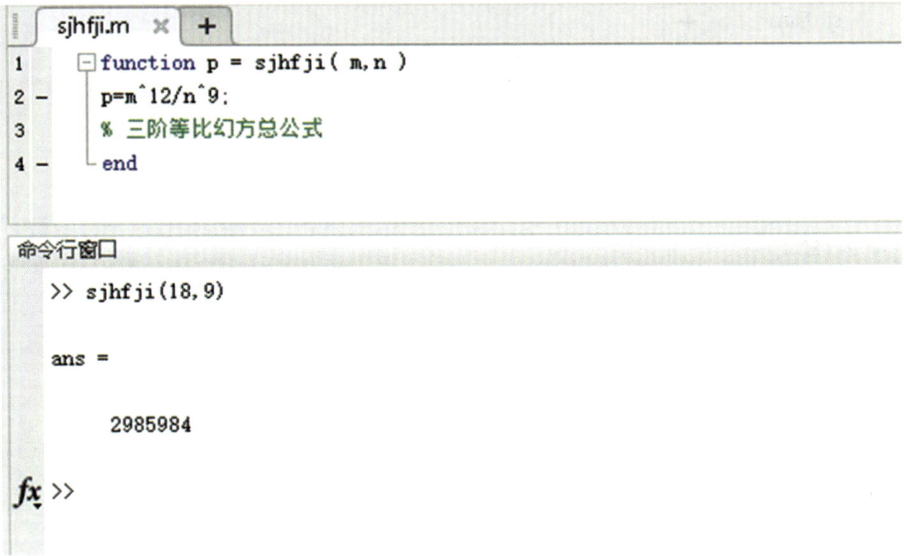

```
function p = sjhfji( m,n )
p=m^12/n^9;
% 三阶等比幻方总公式
end
```

```
>> sjhfji(18,9)

ans =

      2985984
```

图11-28　m等于18、n等于9的三阶等比幻方的幻乘积

第 11 章　幻方运算代码使用实战

任意阶等比幻方幻乘积的计算方法：打开图11-1左侧的任意阶等比幻方运算代码文件hfji.m，在命令行窗口输入 P=hfji(3,2,1)，然后按Enter键，即可得到带 P=命令的三阶等比幻方的幻乘积，如图11-29所示。

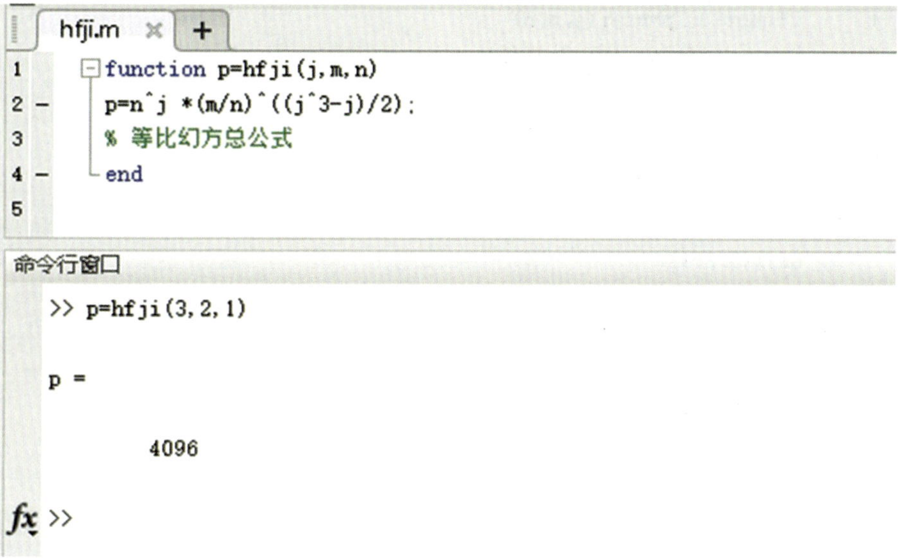

图11-29　带 P=命令的三阶等比幻方的幻乘积

MATLAB 之幻方

在命令行窗口输入hfji(3,2,1)，然后按Enter键，即可得到不带$P=$命令的三阶等比幻方的幻乘积，如图11-30所示。

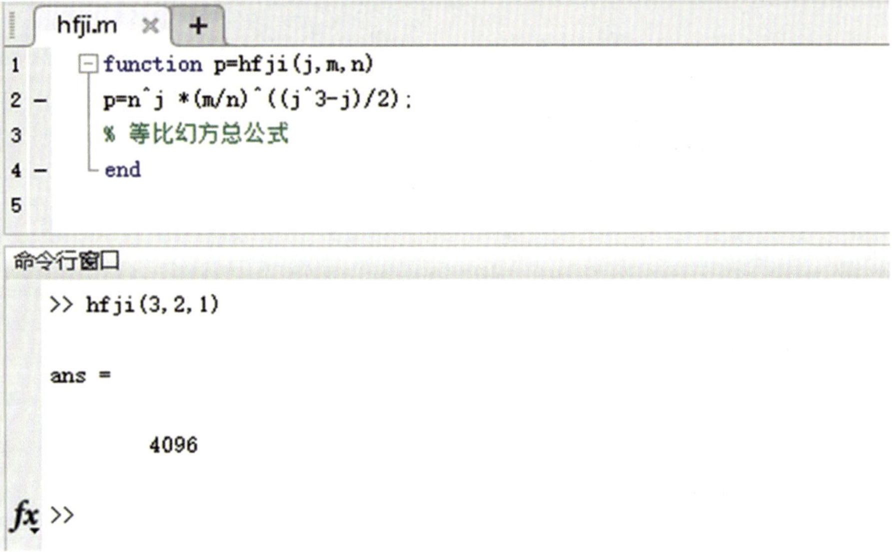

```
hfji.m  ×  +
1    function p=hfji(j,m,n)
2    p=n^j *(m/n)^((j^3-j)/2);
3    % 等比幻方总公式
4    end
5
```

```
命令行窗口
>> hfji(3,2,1)

ans =

        4096

fx >>
```

图11-30　不带$P=$命令的三阶等比幻方的幻乘积

第 11 章　幻方运算代码使用实战

在命令行窗口输入hfji(3,62,31)，然后按Enter键，即可得到等比数为2、起步数为31的三阶等比幻方的幻乘积，如图11-31所示。

```
hfji.m
1  function p=hfji(j,m,n)
2   p=n^j *(m/n)^((j^3-j)/2);
3   % 等比幻方总公式
4   end
5

命令行窗口
>> hfji(3,62,31)

ans =

    122023936

fx >>
```

图11-31　等比数为2、起步数为31的三阶等比幻方的幻乘积

- 115 -

◆ MATLAB 之幻方

在命令行窗口输入hfji(4,2,1)，然后按Enter键，即可得到等比数为2的四阶等比幻方的幻乘积，如图11-32所示。

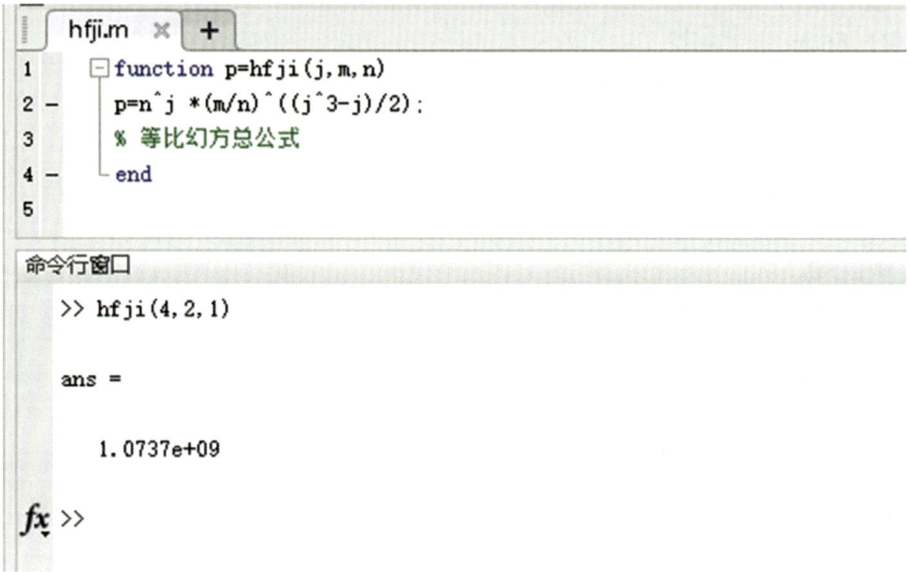

```
hfji.m  ×  +
1   function p=hfji(j,m,n)
2 -    p=n^j *(m/n)^((j^3-j)/2);
3      % 等比幻方总公式
4 -    end
5
```

```
命令行窗口
>> hfji(4,2,1)

ans =

   1.0737e+09

fx >>
```

图11-32　等比数为2的四阶等比幻方的幻乘积

第 11 章　幻方运算代码使用实战

利用编写的等比幻方运算代码函数可以快速计算出不同幻方阶数、不同起步数、不同等比数的等比幻方的幻乘积。

等比幻方在高阶和大数据的情况下数据值比较大，用MATLAB软件计算就会出现"e+自然数"的情况，再使用Microsoft Mathematics计算软件配合计算，可以得到更加精确的数值。

操作方法：打开Microsoft Mathematics软件，在输入框中输入$p=1^4 \cdot (\frac{2}{1})^{\frac{4^3-4}{2}}$，然后按Enter键，即可验证图11-32的计算结果$1.0737e+09$是否正确，如图11-33所示。

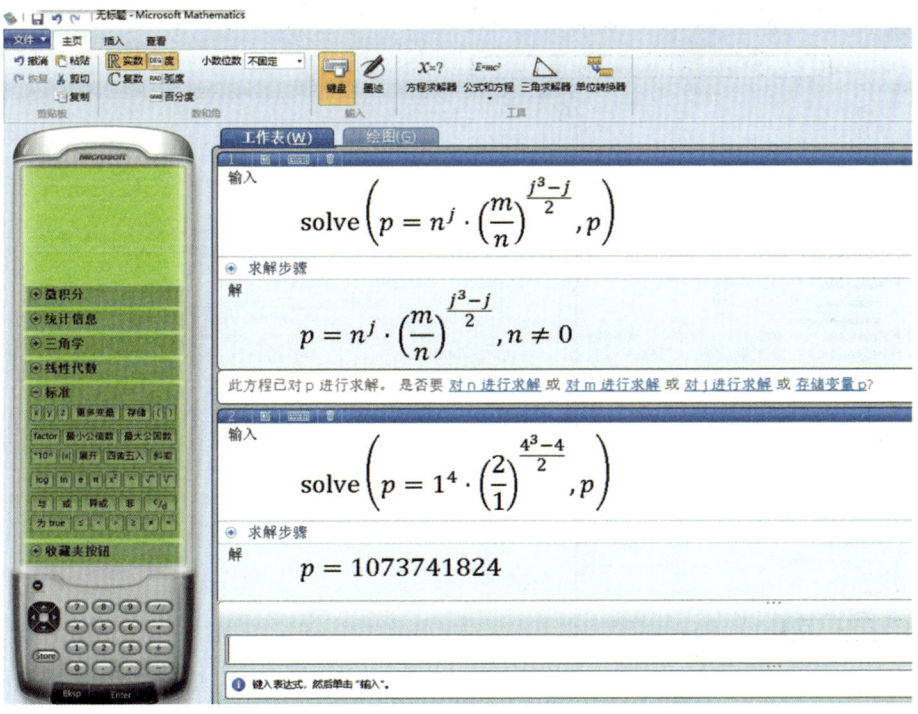

图11-33　用Microsoft Mathematics软件验证图11-32的计算结果

11.4 等比跳跃幻方运算实战

打开MATLAB软件,把本书第10章中制作的三阶和任意阶等比跳跃幻方运算代码文件保存在MATLAB安装路径的bin文件夹中,如图11-34所示。

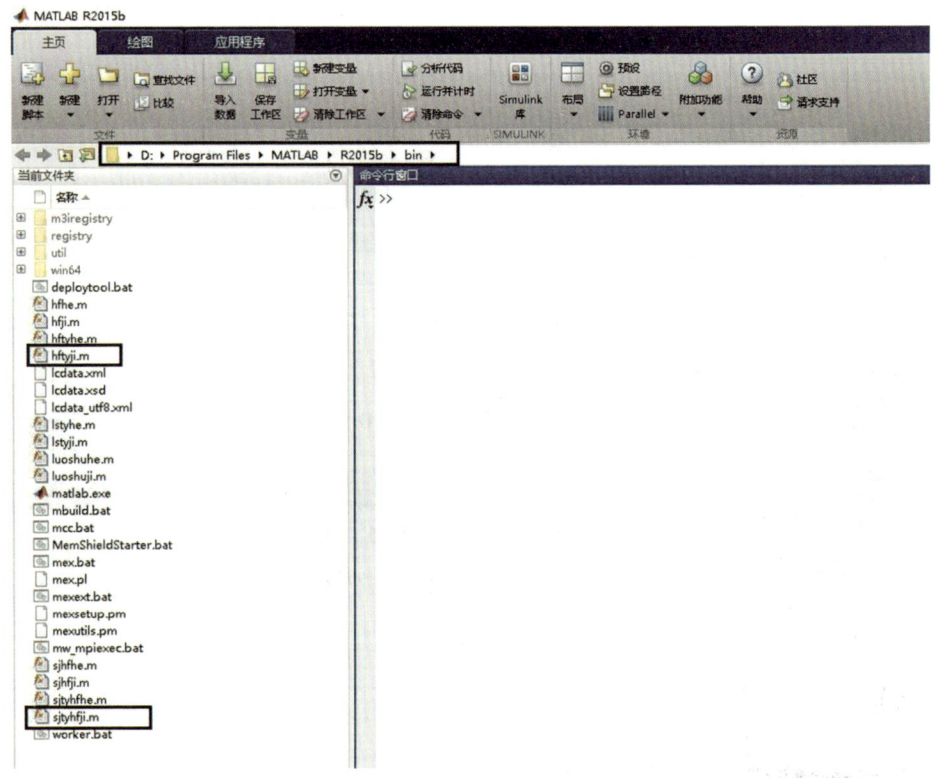

图11-34 幻方运算代码文件的保存位置图

第 11 章 幻方运算代码使用实战

打开图11-34左侧的三阶等比跳跃幻方代码文件sjtyhfji.m，在命令行窗口输入三阶等比跳跃幻方运算的命令，图11-35和图11-36为三阶等比跳跃幻方运算命令的两种不同的写法，这两种命令都能正确计算出等比跳跃幻方的幻乘积，选择其中一种写法即可。

```
sjtyhfji.m  +
1   function p = sjtyhfji( m,n,a )
2   p=(m^12/n^9)*(m/n)^3*a;
3   %   三阶等比跳跃幻方总公式
4   end
```

命令行窗口
```
>> p=sjtyhfji(2,1,1)

p =

    32768

fx >>
```

图11-35　带P=命令的三阶等比跳跃幻方的幻乘积

- 119 -

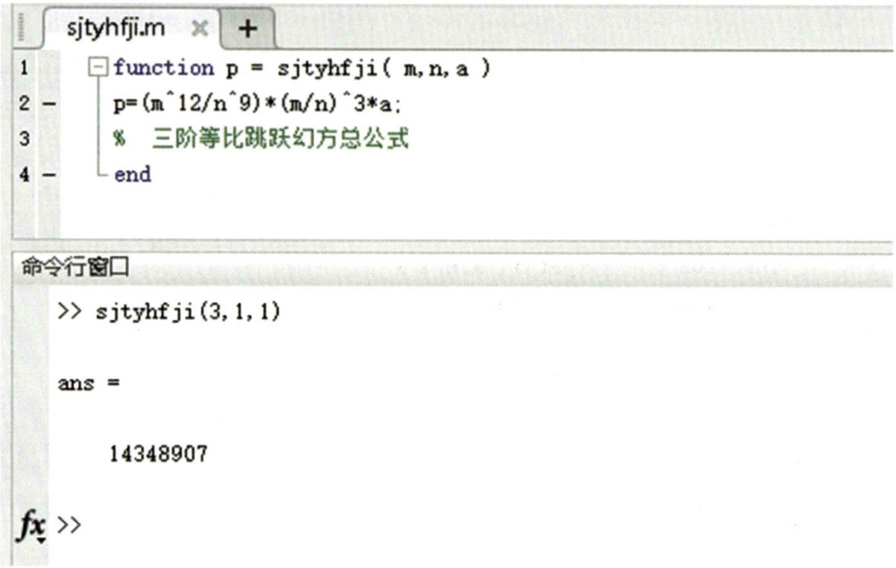

MATLAB 之幻方

```
sjtyhfji.m  ×  +
1   ⊟ function p = sjtyhfji( m,n,a )
2   -   p=(m^12/n^9)*(m/n)^3*a;
3       %   三阶等比跳跃幻方总公式
4   -  end
```

命令行窗口

```
>> sjtyhfji(3,1,1)

ans =

    14348907

>>
```

图11-36　不带*P=*命令的三阶等比跳跃幻方的幻乘积

- 120 -

第 11 章　幻方运算代码使用实战

在命令行窗口计算几个不同类型的三阶等比跳跃幻方的幻乘积。

在命令行窗口输入sjtyhfji(3,1,2)，然后按Enter键，即可得到等比数为3、跳跃次数为2的三阶等比跳跃幻方的幻乘积，如图11-37所示。

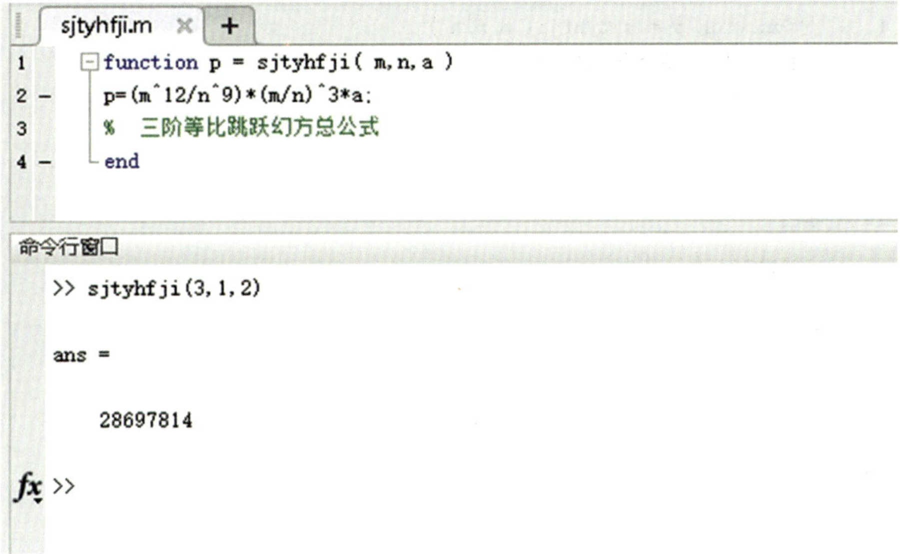

图11-37　等比数为3、跳跃次数为2的三阶等比跳跃幻方的幻乘积

在命令行窗口输入sjtyhfji(6,2,1)，然后按Enter键，即可得到等比数为3、跳跃次数为1的三阶等比跳跃幻方的幻乘积，如图11-38所示。

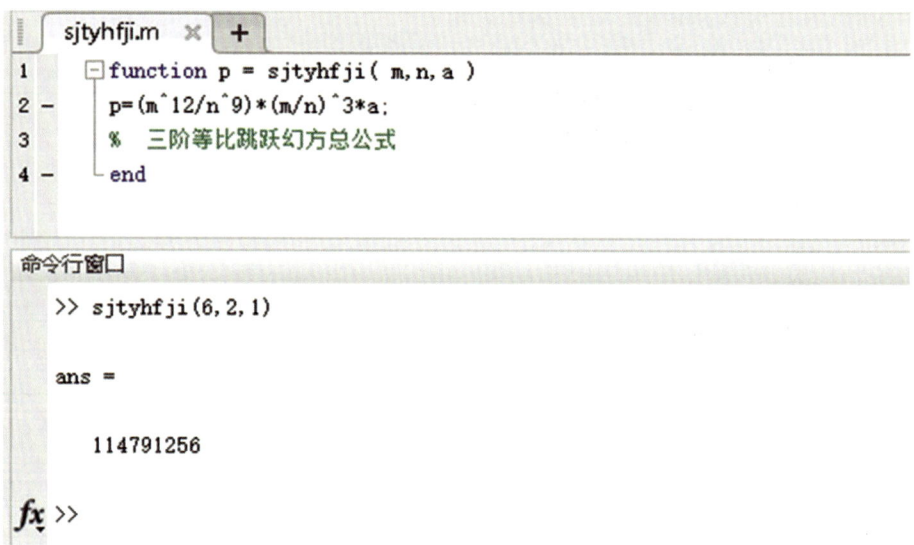

图11-38　等比数为3、跳跃次数为1的三阶等比跳跃幻方的幻乘积

第 11 章 幻方运算代码使用实战

在命令行窗口输入sjtyhfji(32,16,5)，然后按Enter键，即可得到等比数为2、跳跃次数为5的三阶等比幻方的幻乘积，如图11-39所示。

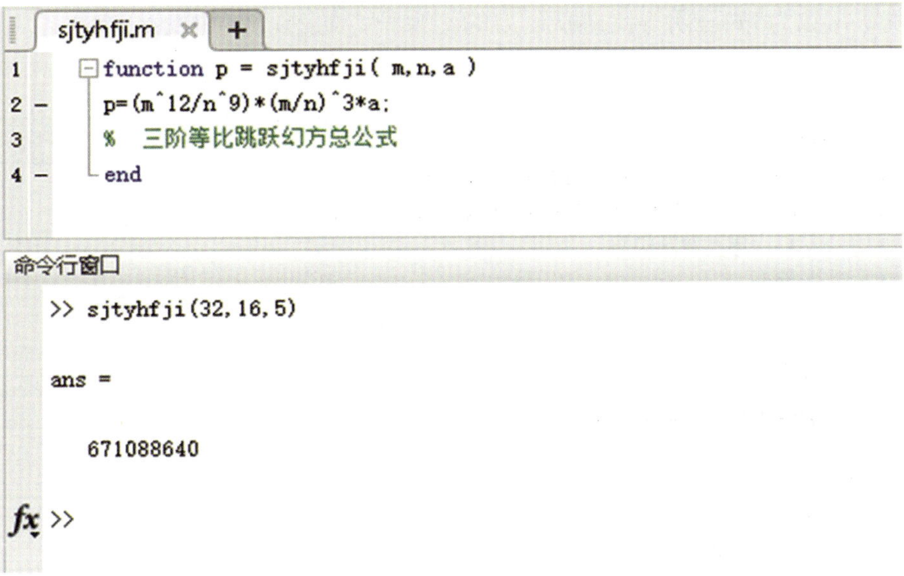

图11-39 等比数为2、跳跃次数为5的三阶等比幻方的幻乘积

任意阶等比跳跃幻方幻乘积的计算方法：打开图11-34左侧的任意阶等比跳跃幻方运算代码文件hftyji.m，在命令行窗口输入$P=hftyji(3,2,1,1,3)$，然后按Enter键，即可得到等比数为2、跳跃次数为1、跳跃常数为3的三阶等比跳跃幻方的幻乘积，如图11-40所示。

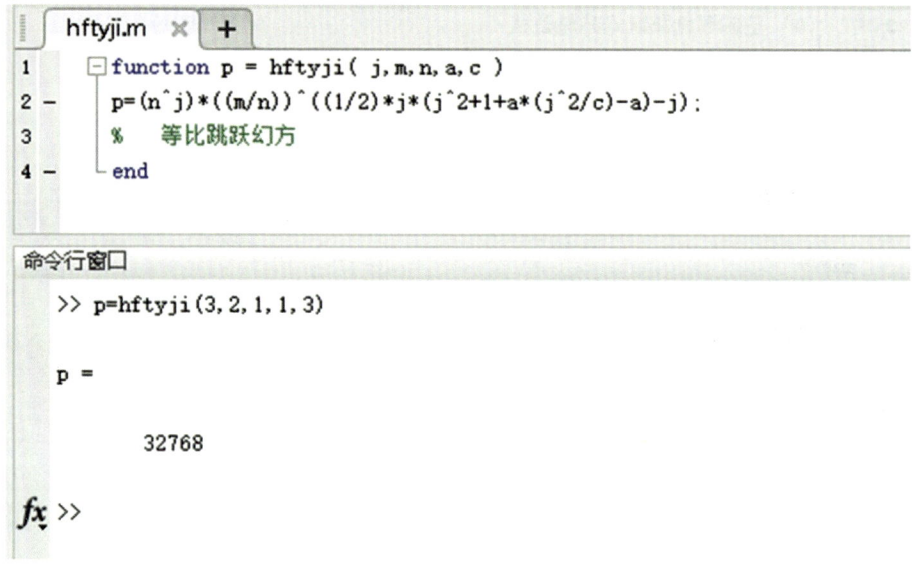

图11-40　等比数为2、跳跃次数为1、跳跃常数为3的
三阶等比跳跃幻方的幻乘积

在命令行窗口输入hftyji(3,2,1,5,3)，然后按Enter键，即可得到等比数为2、跳跃次数为5、跳跃常数为3的三阶等比跳跃幻方的幻乘积，如图11-41所示。

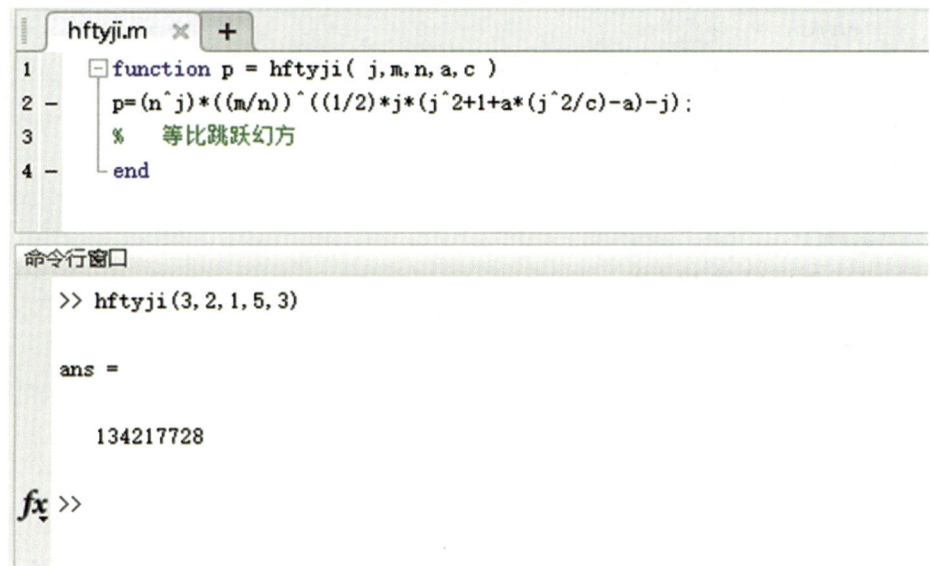

图11-41　等比数为2、跳跃次数为5、跳跃常数为3的
三阶等比跳跃幻方的幻乘积

在命令行窗口输入hftyji(3,38,19,6,3)，然后按Enter键，即可得到等比数为2、跳跃次数为6、跳跃常数为3的三阶等比跳跃幻方的幻乘积，如图11-42所示。

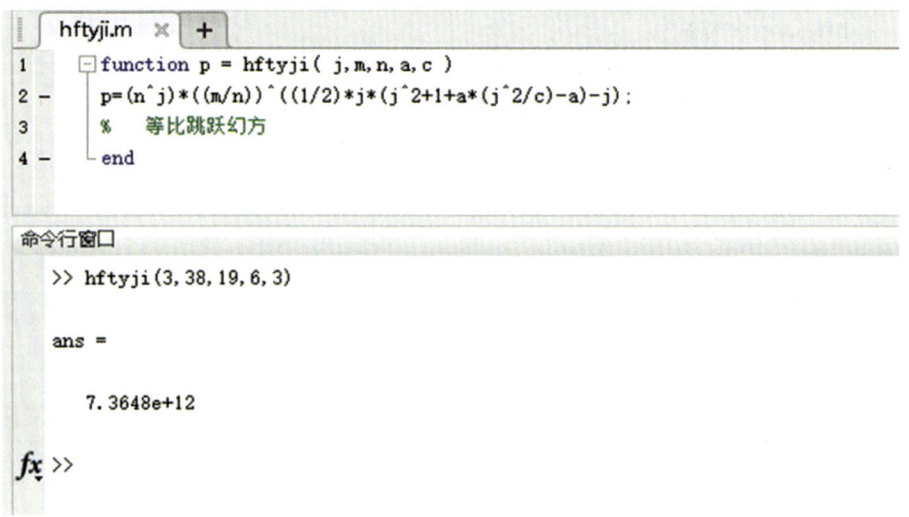

图11-42　等比数为2、跳跃次数为6、跳跃常数为3的
三阶等比跳跃幻方的幻乘积

在命令行窗口输入hftyji(5,2,1,3,5)，然后按Enter键，即可得到等比数为2、跳跃次数为3、跳跃常数为5的五阶等比跳跃幻方的幻乘积，如图11-43所示。

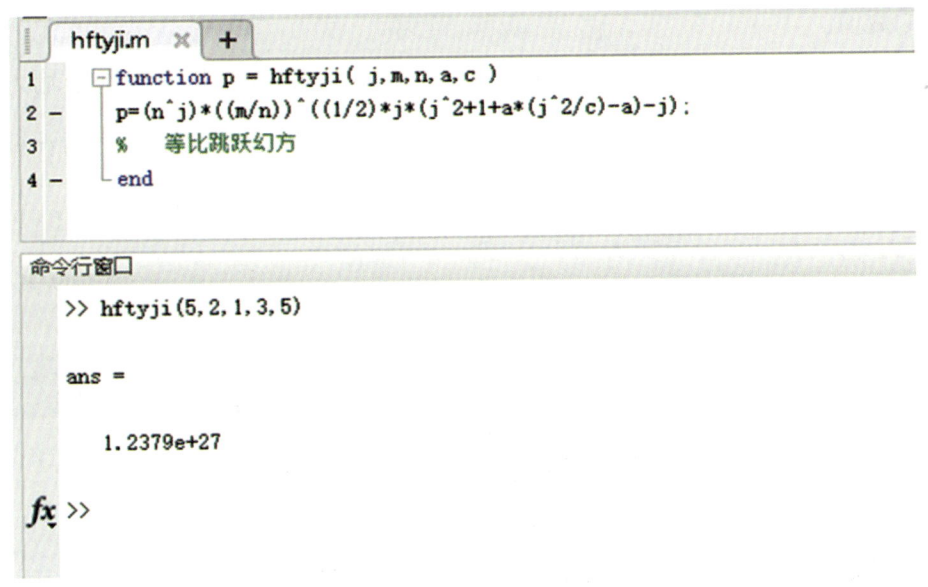

图11-43　等比数为2、跳跃次数为3、跳跃常数为5的
五阶等比跳跃幻方的幻乘积

利用编写的等比跳跃幻方运算代码函数可以快速计算出不同幻方阶数、不同起步数、不同等比数、不同跳跃次数和不同跳跃常数的等比跳跃幻方的幻乘积。由于等比跳跃幻方在高阶和大数据的情况下数据值比较大，可以用 Microsoft Mathematics 计算软件配合计算，得到更加精确的数值。

操作方法：打开 Microsoft Mathematics 软件，在输入框中输入 $p=1^5 \cdot (\frac{2}{1})^{\frac{1}{2} \cdot 5 (5^2+1+3 \cdot (\frac{5^2}{5})-3)-5}$，然后按 Enter 键，即可验证图11-43的计算结果 1.2379e+27 是否正确，如图11-44所示。

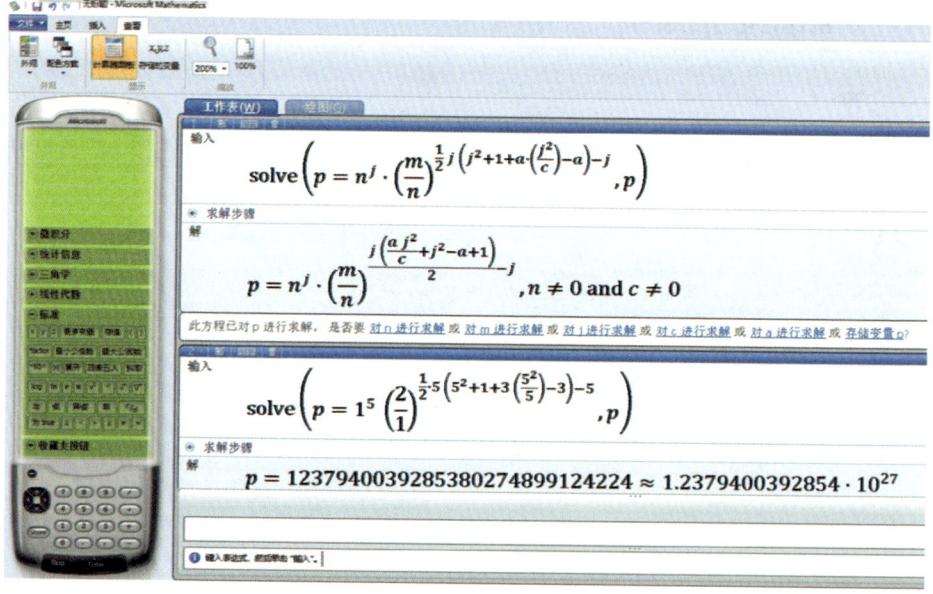

图11-44　用Microsoft Mathematics软件验证图11-43的计算结果

第12章 特殊三阶幻方案例

1931.5	1949	1924.5
1928	1935	1942
1945.5	1921	1938.5

图12-1 以1921起步、1949结尾的三阶等差幻方

8.125	10	7.375
7.75	8.5	9.25
9.625	7	8.875

图12-2 以7起步、10结尾的三阶等差幻方

14.75	1	20.25
17.5	12	6.5
3.75	23	9.25

图12-3　以23起步、1结尾的三阶等差幻方

　　图12-1、图12-2和图12-3是三种不同类型的三阶等差幻方，每个幻方底部中间的起步数组合在一起，构成了中国共产党第一次全国代表大会召开的时间——1921年7月23日；每个幻方顶部中间的结尾数组合在一起，构成了中华人民共和国成立的时间——1949年10月1日。

　　如果用等差幻方的方式来构建幻方，在构建以中国共产党成立的年份1921为起步数、以中华人民共和国成立的年份1949为结尾数的特殊幻方的时候，会发现不能构建完全整数形式的等差幻方；利用等差跳跃幻方的规律来构建以中国共产党成立的年份1921为起步数、以中华人民共和国成立的年份1949为结尾数的特殊幻方，可以得到两个完全是整数的等差跳跃幻方，如图12-4和图12-5所示。

第12章 特殊三阶幻方案例

1933	1949	1923
1925	1935	1945
1947	1921	1937

图12-4　完全是整数的三阶等差跳跃幻方（1）

1934	1949	1922
1923	1935	1947
1948	1921	1936

图12-5　完全是整数的三阶等差跳跃幻方（2）

　　图12-4和图12-5所示的等差跳跃幻方里面的数字全部都是整数，起步数是中国共产党成立的年份——1921，结尾数是中华人民共和国成立的年份——1949，它们的幻和都等于5805。

— 131 —

中国共产党成立的月份和中华人民共和国成立的月份分别是7月和10月，以数字7为起始数、10为结尾数，从7到10一共有4个整数，而三阶幻方有九个格子，至少得填写九个整数，在用三阶等差幻方构建中国共产党成立的月份和中华人民共和国成立的月份作为起步数和结尾数的幻方时，只能构建部分数字是小数形式的等差幻方。

对应中国共产党成立的日期和中华人民共和国成立的日期分别是23日和1日，以23为起步数，1为结尾数，经过等差跳跃幻方公式的精确计算，得到如图12-6所示的完全是整数的等差跳跃幻方。

13	1	22
21	12	3
2	23	11

图12-6　完全是整数的三阶等差跳跃幻方（3）

图12-6这个等差跳跃幻方的起步数和结尾数分别对应中国共产党的成立日期和中华人民共和国的成立日期，幻方的幻和为36。

在构建完全是整数的等差跳跃幻方的时候，利用等差跳跃幻方的公式进行精准计算，计算完成后才开始构建。因为公式计算量比较大，也比较复杂，此处不详细讲解。如果读者有兴趣自己构建特殊幻方，只要掌握了本书第2章中的18个幻方公式，就能构建出所需幻方。

第13章　48个特殊四阶幻方

本章介绍的48个特殊四阶幻方被称为幻方之王,因为这些幻方不仅仅四行、四列和对角线之和都等于34(一共10组)还具有以下特点:

1. 相邻的4个数组成的正方形之和等于34,一共9组。

2. 幻方4个角的数字相加等于34,一共1组。

3. 顶部相邻的两个数和直线对应的底部相邻的两个数组成的4个数相加等于34,一共3组。

4. 最左边从上到下相邻的两个数和直线对应的最右边从上到下相邻的两个数相加等于34,一共3组。

5. 如图13-1所示,直线 g 上的1个数和直线 d 上的3个数、直线 f 上的2个数和直线 c 上的2个数、直线 e 上的3个数和直线 b 上的1个数,它们组成的4个数之和都是34,一共3组。

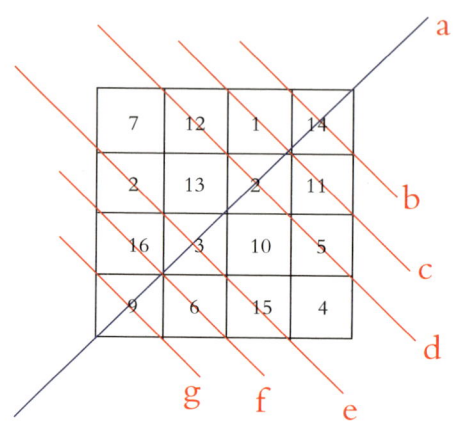

图13-1 特殊四阶幻方原理图（1）

6. 如图13-2所示，直线 n 上的1个数和直线 k 上的3个数、直线 m 上的2个数和直线 j 上的2个数、直线 l 上的3个数和直线 i 上的1个数，它们组成的4个数之和都是34，一共3组。

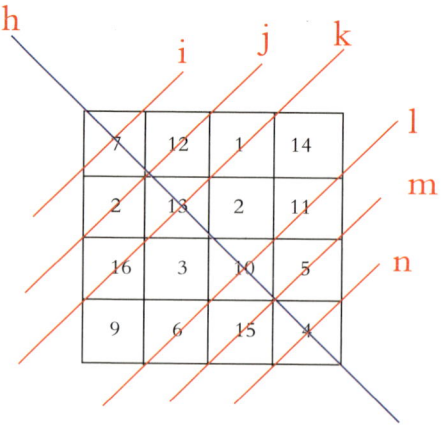

图13-2 特殊四阶幻方原理图（2）

综上所述，四阶幻方的幻和组合总数为：10+9+1+3+3+3+3=32，即有32种组合，每种组合中4个数相加的幻和都等于34。

图13-3~图13-6列出48个特殊四阶幻方，它们都有32种不同的组合，每种组合中4个数相加的幻和都等于34。

第1个				第2个				第3个				第4个			
1	8	11	14	2	7	12	13	3	6	9	16	4	5	10	15
15	10	5	4	16	9	6	3	13	12	7	2	14	11	8	1
6	3	16	9	5	4	15	10	8	1	14	11	7	2	13	12
12	13	2	7	11	14	1	8	10	15	4	5	9	16	3	6

第5个				第6个				第7个				第8个			
1	8	11	14	2	7	12	13	5	4	15	10	6	3	16	9
12	13	2	7	11	14	1	8	16	9	6	3	15	10	5	4
6	3	16	9	5	4	15	10	2	7	12	13	1	8	11	14
15	10	5	4	16	9	6	3	11	14	1	8	12	13	2	7

第9个				第10个				第11个				第12个			
1	8	10	15	2	7	9	16	3	6	12	13	4	5	11	14
14	11	5	4	13	12	6	3	16	9	7	2	15	10	8	1
7	2	16	9	8	1	15	10	5	4	14	11	6	3	13	12
12	13	3	6	11	14	4	5	10	15	1	8	9	16	2	7

图13-3 特殊四阶幻方（1）

第13个				第14个				第15个				第16个			
1	8	10	15	2	7	9	16	5	4	14	11	6	3	13	12
12	13	3	6	11	14	4	5	16	9	7	2	15	10	8	1
7	2	16	9	8	1	15	10	3	6	12	13	4	5	11	14
14	11	5	4	13	12	6	3	10	15	1	8	9	16	2	7

第17个				第18个				第19个				第20个			
1	8	13	12	2	7	14	11	3	6	15	10	4	5	16	9
15	10	3	6	16	9	4	5	13	12	1	8	14	11	2	7
4	5	16	9	3	6	15	10	2	7	14	11	1	8	13	12
14	11	2	7	13	12	1	8	16	9	4	5	15	10	3	6

第21个				第22个				第23个				第24个			
1	8	13	12	2	7	14	11	3	6	15	10	4	5	16	9
14	11	2	7	13	12	1	8	16	9	4	5	15	10	3	6
4	5	16	9	3	6	15	10	2	7	14	11	1	8	13	12
15	10	3	6	16	9	4	5	13	12	1	8	14	11	2	7

图13-4 特殊四阶幻方（2）

第25个				第26个				第27个				第28个			
1	14	11	8	2	13	12	7	3	16	9	6	4	15	10	5
12	7	2	13	11	8	1	14	10	5	4	15	9	6	3	16
6	9	16	3	5	10	15	4	8	11	14	1	7	12	13	2
15	4	5	10	16	3	6	9	13	2	7	12	14	1	8	11

第29个				第30个				第31个				第32个			
1	14	11	8	2	13	12	7	3	16	9	6	4	15	10	5
15	4	5	10	16	3	6	9	13	2	7	12	14	1	8	11
6	9	16	3	5	10	15	4	8	11	14	1	7	12	13	2
12	7	2	13	11	8	1	14	10	5	4	15	9	6	3	16

第33个				第34个				第35个				第36个			
1	15	10	8	2	16	9	7	3	13	12	6	4	14	11	5
12	6	3	13	11	5	4	14	10	8	1	15	9	7	2	16
7	9	16	2	8	10	15	1	5	11	14	4	6	12	13	3
14	4	5	11	13	3	6	12	16	2	7	9	15	1	8	10

图13-5 特殊四阶幻方（3）

第 13 章　48 个特殊四阶幻方

第37个				第38个				第39个				第40个			
1	15	10	8	2	16	9	7	3	13	12	6	4	14	11	5
14	4	5	11	13	3	6	12	16	2	7	9	15	1	8	10
7	9	16	2	8	10	15	1	5	11	14	4	6	12	13	3
12	6	3	13	11	5	4	14	10	8	1	15	9	7	2	16
第41个				第42个				第43个				第44个			
1	12	13	8	2	11	14	7	3	10	15	6	4	9	16	5
14	7	2	11	13	8	1	12	16	5	4	9	15	6	3	10
4	9	16	5	3	10	15	6	2	11	14	7	1	12	13	8
15	6	3	10	16	5	4	9	13	8	1	12	14	7	2	11
第45个				第46个				第47个				第48个			
1	12	13	8	2	11	14	7	3	10	15	6	4	9	16	5
15	6	3	10	16	5	4	9	13	8	1	12	14	7	2	11
4	9	16	5	3	10	15	6	2	11	14	7	1	12	13	8
14	7	2	11	13	8	1	12	16	5	4	9	15	6	3	10

图13-6　特殊四阶幻方（4）

后记　打造优秀幻方软件

到目前为止，作者首创了18个幻方公式（推导过程请参考作者所著的《幻方公式推导原理》），由这18个公式可以生成无穷无尽的幻方子公式。这18个幻方公式把幻方的科学构建和大数据运算纳入数学体系中。作者及其团队拥有幻方研究领域全面、系统的高端资源以及先进的算法体系，力图打造全世界第一款人工智能幻方机器人和第一个全球联网的幻方大数据资源共享平台。

MATLAB软件虽然具有强大的幻方构建和运算功能，但它不能给出直接的方案，只能通过编程与之对接，在幻方的构建和运算方面不能得心应手。因此，作者及其团队计划打造一款比MATLAB软件更优秀的幻方软件，目前所需幻方数学理论体系都已俱备，欢迎对幻方感兴趣的计算机软件编程制作高手或在幻方领域有独特优势并具有一定科学成果的有识之士的加入（微信号：MATLABhf）。